园艺大师系列

图说草莓整形修剪与12月栽培管理

[日] 荻原勋 著
新锐园艺工作室 组译

中国农业出版社
北 京

前言

日本人格外喜爱草莓，即使在喜好食物多样化，日本果蔬产量、消费量逐年递减的今天，人们对于草莓的喜爱也没有改变。草莓深受各个阶层消费者青睐，尤以女性、年轻人为主，甚至可以说很难找到讨厌草莓的人。

然而，草莓浆果大，呼吸消耗量大，表皮水分易蒸发，肉质软，不易保鲜。草莓从发货、远距离运输、店内上架，最后到消费者手中，一般需要2～3天的时间。为了防止草莓在流通过程中品质下降，生产者、育种者、栽培技术研究者们不断在品种改良和提高栽培技术方面努力。

但“果园采摘”又是另一回事。这种模式可以立即品尝到酸甜可口的新鲜草莓。也可以说只有在观光园亲身体验采摘草莓，才算是真正品尝到草莓的美味。如果能自己在家种植，那不用出门就能体会到这种乐趣并品尝到美味的草莓。

现在一年四季都可以吃到草莓，人们已经不清楚草莓的旺季到底是什么时候了。其实，草莓原本的旺季是春季。如果选择适宜的草莓品种，改变草莓的种植方式，在其他季节也能收获满满。本书主要介绍秋季种植春季收获的“露地栽培”、冬季收获的“促成栽培”，春季种植夏秋季收获的“四季草莓栽培”这3种常规栽培方法。读者可以尝试其中任意一种栽培方法，如果3种栽培方法都尝试实践，就能一年四季品尝到不同美味的草莓。

本书重点从草莓品种及选择、栽培模式、草莓12月管理等方面，与读者分享栽培草莓的技术和经验。希望通过本书的学习，你能体会到种植草莓的乐趣。

荻原勋

目 录

前言

第1章 草莓栽培的基础知识 …… 1

草莓栽培的专业术语 …… 2
栽培草莓的乐趣 …… 6
草莓的生态特征 …… 9

第2章 日本人气草莓品种推荐 …… 11

品种选择的关键 …… 12
日本草莓品种培育地一览 …… 14
一季草莓品种 …… 16
四季草莓品种 …… 26
[专栏] 品种改良的关键 …… 30

草莓12月栽培管理 …… 31

利用3种栽培方法，一年四季均可收获草莓 …… 32
草莓12月栽培管理月历 …… 34
9月 …… 36
10月 …… 40
11月 …… 43
12月至翌年1月 …… 46
2月 …… 48
[专栏]塑料小拱棚的搭建 …… 50
3月 …… 52
4月 …… 54
[专栏]草莓育苗 …… 56
5月 …… 58
6月 …… 60
[专栏]培育麦类作物 …… 61
7～8月 …… 62
[专栏]第二年的轮作和土壤消毒 …… 64

第4章 草莓的生长发育和管理技巧 ………………………… 67

花芽分化 ………………………………………………… 68
休眠 ……………………………………………………… 71
开花和结果 ……………………………………………… 73
匍匐茎生长 ……………………………………………… 76
适合种植草莓的土壤 …………………………………… 78
施肥管理 ………………………………………………… 81
常见病虫害及其防治 …………………………………… 84
[专栏]什么是脱毒苗 …………………………………… 90

第5章 越学越有趣的草莓小知识 ………………………… 91

草莓的种子在哪里 ……………………………………… 92
草莓能用种子栽培吗 …………………………………… 94
什么时节的草莓最美味 ………………………………… 96
品尝草莓的小窍门 ……………………………………… 98
草莓富含什么营养 ……………………………………… 100
草莓如何加工 …………………………………………… 102
[专栏]草莓现代栽培法 ………………………………… 104

第 1 章 草莓栽培的基础知识

草莓栽培的专业术语

关于生态

一季性

是指低温、短日照花芽形成，高温、长日照开花结果的草莓类型。在自然条件下，草莓一年只结一次果。根部储存充足养分，易形成大粒香甜的果实。用于鲜食的草莓基本都是一季草莓。

营养繁殖

植物的一种繁殖方式。不通过种子，而是利用根、茎、叶等营养器官繁殖后代的无性繁殖方式。品种的遗传性状可保持一致性，在农业生产上多用于育苗。一般草莓是用茎（匍匐茎）来育苗。

花芽分化

植物发芽后，分生出叶、茎，进而形成花芽。花芽分化是指这种花芽形成的阶段。花芽分化与植物自身的营养状态，温度、日照时间等外界环境条件密切相关。一季草莓花芽分化的必要条件是低温、短日照，而四季草莓除了严冬和盛夏，花芽分化持续不断。

果实

在植物学上，果实是由子房发育而来，而子房中的胚珠最终形成种子。草莓的果实则是由花托膨大形成的肉质假果和附着在表面的瘦果组成。由于它不是真正意义上的果实，在植物学上称其为“假果”。

花托

是指最终发育成果实的部分。位于茎的顶端，呈半球形，由200 ~ 400个雌蕊螺旋状排列。如果雌蕊授粉不佳，就不会形成饱满的果实，最终会出现畸形果。

花序

是指花在花序轴上的排列方式。草莓属于典型的聚伞花序。聚伞花序是指中心花序轴开出第一朵花（顶花）后，两侧产生两个分枝，继而在这两个分枝上分别开出2级花，分枝花序轴各自产生分枝，再开出3级花，依次类推（详见第74页）。如果开到5级花，开花数量为31朵。当然花序轴并不都是呈成对分枝。

草莓（栽培种）植株的构造

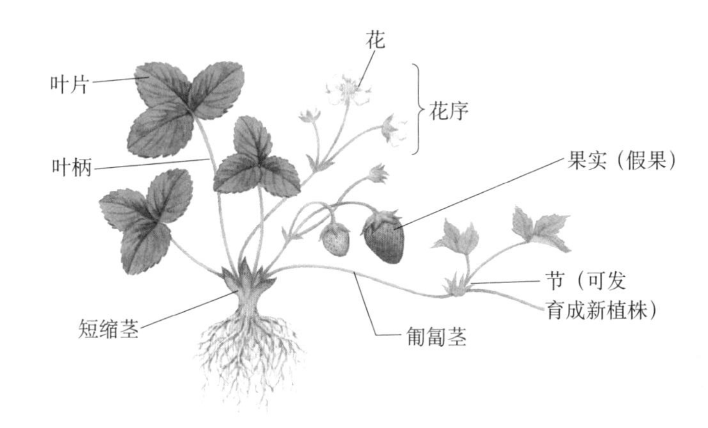

花和果实的构造

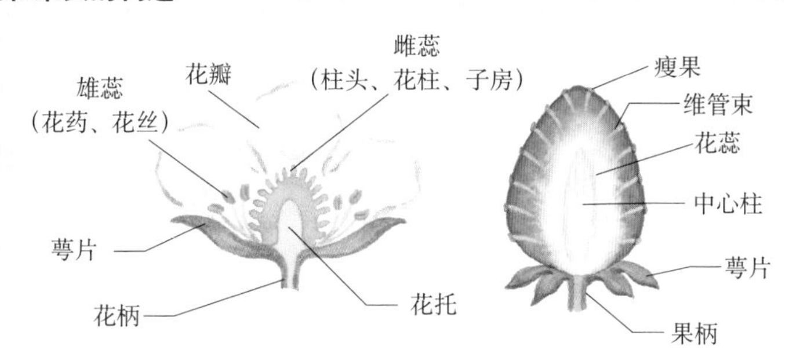

休眠

是指生物在一定时期内停止生长和活动，或生命活动极度下降的状态。草莓在秋季低温、短日照的环境条件下，叶子变得短小，整个植株呈匍匐状，进入休眠期。光合作用产生的糖分和淀粉在秋冬季节会聚集在根部增强根系，并储存在根部，用于春季草莓的再生长、开花和结果。

打破休眠

是指在一定时期内，处在低温条件下的植物从休眠状态中觉醒。休眠分为自然休眠和被迫休眠。自然休眠是指植物自然停止活动和生长，即使外界条件适宜，也不会复苏活动的休眠。被迫休眠是指植物由于环境条件不适宜引起的休眠，只要改善环境条件，又可以开始生长和活动。

打破“自然休眠”需要一定的低温积累（低温需求量），通常用7.2℃以下持续时间来表示。品种不同，低温需求量也大不相同。

短缩茎

是指叶和根连接的部分。长期生长后，直径可达2厘米以上，呈短粗、匍匐状。其顶端是叶和花的生长点，叶呈144°螺旋状间隔生长。

四季性

是指除盛夏和隆冬时节以外，花芽分化不受温度和日照条件影响，逐渐开花结果的草莓类型。在寒冷地区和高地，如果夏季凉爽，花芽分化也可进行。

种子繁殖

植物的繁殖方式之一，也称作实生繁殖。种子繁殖属于有性生殖，是由生殖细胞传粉受精形成种子来繁衍后代的方法。因此，不同种子会繁衍出不同基因特质的后代。

在草莓的栽培上，种子繁殖多用于品种改良。

花蕊

草莓果实中的白色部分。在植物学上，属于维管束的一部分。有些品种的花蕊较硬，与周围果肉相比，花蕊的甜味较淡，富含食物纤维。花蕊内部有中心柱，有些品种的中心柱呈空心状。

瘦果

是指果肉没有完全发育、小而干的果实。果皮坚硬，不开裂，内含种子。很多被子植物都可以看得到瘦果，草莓果实表面的小颗粒就是瘦果。

虫媒花

是指以昆虫为媒介进行传粉的花。这种花大多数花冠鲜艳，蜜汁丰富，花粉大而突起，黏着性强。

草莓开花时，会吸引以蜜蜂为主的各类访花昆虫前来授粉，包括大黄蜂、花虻等。

匍匐茎

草莓的茎是匍匐茎，具有储存营养和繁殖的功能。

在高温、长日照条件下，短缩茎上着生的腋芽迅速展开，其尖端有小的营养繁殖体（节），不断生出新叶，当节接触土壤表面时会形成根。

关于栽培

碳氮比

是指有机物中碳和氮的总含量之比。比值越小氮含量越大，肥效越好。相反，比值越大碳含量越多，土壤改良效果越好。

母株

是指为了培育匍匐茎的草莓植株。从母株侧生出来的植株叫作一代苗（第一匍匐茎），从一代苗侧生出来的叫二代苗。

复合肥

是指含有氮（N）、磷（P）、钾（K）三种元素中的任意两种或两种以上的化肥。可根据用途调整比例。如果肥料袋上标识的“15-15-15”，就表示N、P、K的含量各为15%。

缓（控）释肥

是指施肥后，肥料逐渐分解，肥效可持续1 ~ 2个月的肥料。为防止水溶性成分溶解，有些缓（控）释肥是表面用树脂包被的被覆肥，有些是用难溶于水的原料如IB等制造的。

寒冷纱

是指一种由维纶等织成的网状薄布，可直接覆盖在植物上的覆盖材料。除了有抵御夏季高温、遮光的功效，还可用于防寒、防风、防虫等。根据透光性的不同，可分为黑色、白色、透明等多种类型，要根据植物的特性区分使用。而在种植草莓时，不用考虑遮光问题。

促成栽培

是指利用温室、大棚等设施，对植株进行保温、加温，实现比露地栽培提前生长、收获、上市的栽培方式。草莓促成栽培的关键是秋冬季抑制植株休眠，可保证11月至翌年6月上市。

半促成栽培

是指处于露地栽培和促成栽培之间的一种栽培方式。草莓的半促成栽培从10月种植至翌年初的种植管理方式。在天气变暖前，利用搭建小拱棚或塑料温室棚，促使植株从强制休眠中觉醒，可比露地栽培提前1 ~ 2个月迎来收获期。

地面覆盖

是指用塑料薄膜或稻草覆盖地表，可以起到保持地温、保护果实、防止水分蒸发的作用。在草莓的露地栽培中，用黑色或银色的塑料薄膜或稻草覆盖是必不可少的工序。黑色塑料薄膜和稻草具有使地温上升的作用，银色塑料薄膜则具有抑制地温上升的效果。

栽培草莓的乐趣

选好栽培方法和品种，一年四季均可收获草莓

说到草莓的栽培，首先会想到塑料大棚和温室。经过长时间培育生产大量优质草莓是需要先进的栽培管理技术和设备的。

而家庭菜园只要选好品种和栽培方式，收获应季的草莓也不是难事。

本书将介绍在家庭菜园中被广泛应用的露地栽培，秋季种植、12月至翌年1月收获的促成栽培，以及春季种植夏秋季收获的四季草莓栽培（详见31 ~ 66页）。如果这3种栽培方式同时进行，你就能在四季品尝到新鲜的草莓。

品尝市场上买不到的完全成熟的新鲜草莓

一般市场上销售的草莓都是农家考虑到草莓的运输问题，在完全成熟之前被提前采摘下来的。虽然市面上的一些品种糖度高、十分美味，但如果能等到果实变红之后再采摘，就能品尝到完全成熟的新鲜果实了。新鲜草莓的肉质软，不易储运，而家庭菜园种植、观光园采摘就可以即摘即食，免去了草莓的储运环节。

品尝到昔日的味道

伴随着人们生活的富足，草莓的需求量也在不断增加。同时，为了解决运输、提升品质等问题，草莓品种也在不断改良。

有一些老品种被淘汰，在市场上已经看不到了。比如在20世纪70 ~ 80年代席卷草莓市场的宝交早生，90年代占据一定市场的女峰、丰香，基本都已被新品种所取代。

并非是这些老品种草莓的味道不够好，而是因为难以储存、产量低等经济问题被迫淘汰。

然而，家庭种植不必考虑经济问题，有时老品种反而更容易种植。

不使用农药也能栽培出美味的草莓

家庭种植不用考虑产量和颗粒不均等问题，即使减少药剂使用量也能培育出美味的草莓。在开花结果前，可以预防性地喷洒农药，也可以采用把感染病害的叶片、果实摘除等物理方法来实现无农药栽培。这样，你就可以品尝到放心美味的草莓了。

草莓盆栽为庭园和阳台带来一抹色彩。

草莓的花不只有白色，也有红色、粉色。

家庭种植使用盆栽易于管理，易结出优质草莓。

家庭种植的草莓个头大小不一，味道却别具一格。

逐渐学会培育不同的品种，可以体验不同的美味。

露地栽培的草莓酸味浓，用于制作草莓蛋糕特别美味。

多采集一些草莓，可以尝试做草莓酱、草莓汁。

为庭院和阳台增添一抹色彩

草莓作为观赏性植物被大众追捧。白嫩的花朵，红彤彤的果实，为庭院和阳台增添了一抹色彩。近年出现的草莓新品种颜色各异，花瓣有红色的、粉色的，果实有粉色的、白色的，十分惹人喜爱。

收获期品尝不同的美味

不同季节结出的草莓口味各异。冬季收获促成栽培的草莓果肉紧致、糖度高，最适合鲜食。春季收获的露地栽培草莓比较娇弱，酸甜可口。夏秋季收获的四季草莓颗粒小，酸味浓。采用这3种种植方式可收获不同美味的草莓。

草莓的生态特征

栽培种草莓（*Fragaria*×*ananassa*）属蔷薇科草莓属，江户时代后期从荷兰引至日本，也叫作荷兰草莓。

一季草莓和四季草莓的区别

在自然条件下培育的草莓分为每年5～6月只结一次果的一季草莓和一年四季都可以结果的四季草莓。这两种草莓都属于多年生植物，区别是花芽形成的方式不同。

一季草莓在每年冬季至翌年夏季到来前上市，我们平常吃到的草莓就是一季草莓。每年一到秋季，日照时间变短、天气凉爽，草莓开始形成花芽，即进入了花芽分化期。之后草莓进入休眠期越冬，只在第二年春季开花结果。如果在休眠期前（10月），用促成栽培进行保温，就能使得草莓从12月起提前结果。

四季草莓除了盛夏和隆冬，不受日照时间影响，形成花芽后可不断开花结果。

两种常见的繁殖方式

草莓的繁殖可以从果实表面小颗粒（瘦果）中提取的种子来繁殖，即种子繁殖；也可以用匍匐茎分株进行营养繁殖。

由于每粒种子的遗传特性不同，育苗时通常采用匍匐茎分株繁殖的方式来培育与母株基因相同的株苗。而在培育新品种时则采用种子繁殖。

草莓的生长周期

草莓在一年中的生长周期如下图所示。特别是一季草莓受温度和日照时间的影响，生长节奏有很大变化。

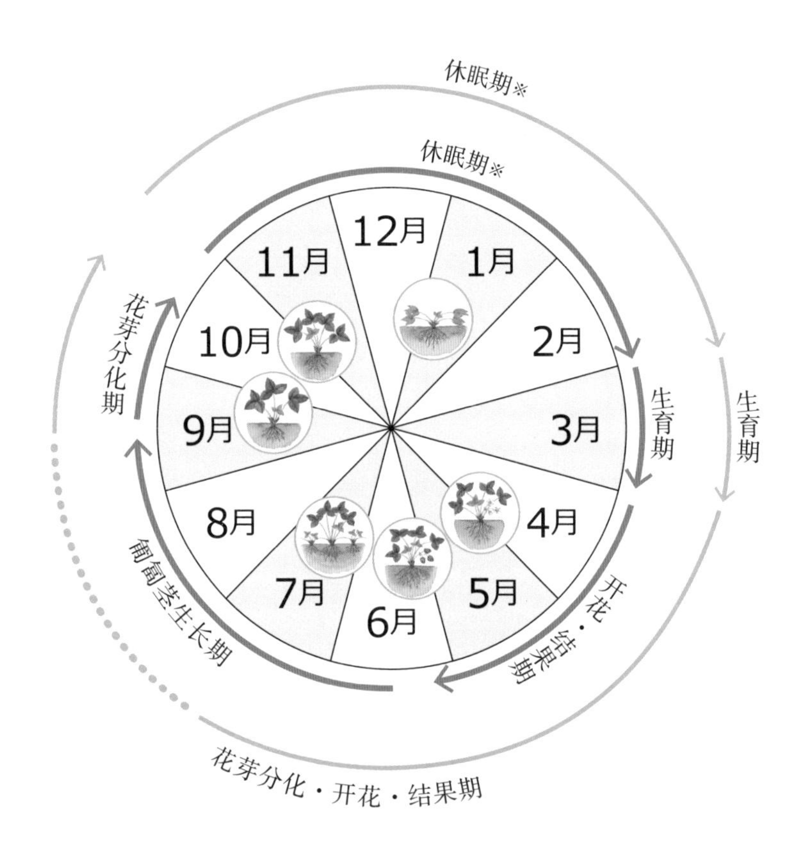

※ 在日本，冬季由于低温无法生长，表现为“休眠期”

第2章 日本人气草莓品种推荐

品种选择的关键

选择一季草莓还是四季草莓

草莓的品种有一季和四季之分，花芽分化、开花、结果的条件相同。首先确认种什么品种的草莓，再来选择适合的种植方式。

适合露地栽培还是促成栽培

休眠期长、初春苏醒的品种适合露地栽培。相反，休眠期短、没等春季到来就苏醒的品种适合促成栽培。

现在的品种在设施栽培方面进行了改良，几乎所有品种都适合促成栽培。在初春搭建小拱棚进行保温，易结出优质的草莓。如果不考虑产量的话，也可使用露地栽培。

初次种植建议选择老品种

对于初次种植者来说，建议选择露地栽培的宝交早生，促成栽培的女峰、丰香等这些熟悉的传统品种。

选择适应性强的当地品种

草莓的地域性可以用“一县一品”来形容，每个品种的特性有所不同。例如，北海道的品种喜寒，九州品种喜温暖。当地的品种环境适应能力强，易栽培，因此应优先选择。(详见14页)。

品种信息的阅读说明

丰香

❶丰香
❷培育地/福冈县
❸来源/卑弥呼×春香
❹露地适合度/★★☆☆
❺特征/曾被誉为“东有女峰，西有丰香”。20世纪90年代以前，一直都是生产上的主流人气品种。果实约重20克，香甜适口。果肉细腻紧实，汁液丰富。
❻栽培重点/花芽分化期和开花期早，适合促成、半促成栽培。

❶指市场流通的品种名。

❷指该品种的培育地区。选择当地品种容易种植，而且在当地的园艺店也便于购买。

❸指培育时的来源。了解种系，可以推断该品种的特性。但是，也有培育者独创的种系或没有对外公开来源的情况。

❹只对秋天种植、越冬的一季品种标记。休眠期长且适应性强，可在田间结出优质果实的品种黑星多（最多4颗星：★★★★）；休眠期短，冬季需要温度管理的品种黑星少。

❺主要介绍草莓的特征，如果实的形状、大小、香味、味道等。

❻介绍该品种在种植上需要注意的点和窍门。

※对于未公开信息的品种，在此省略，不做介绍。

草莓的分类

栽培种（*Fragaria*×*ananassa*）

一季品种
→16～25页
章姬、枥乙女、丰香、女峰、红颜、宝交早生……

四季品种
→26～28页
纯莓2号、佩奇卡……

野生草莓品种
→29页

适合鲜食、果实大粒、方便种植的一季草莓，市场占有率非常高。四季草莓的口味被改善后市场占有率也有所升高。另外，还有与栽培种不同的野生种。

日本草莓品种培育地一览

在将要介绍的品种中，总结了品种的培育地。培育地的气候多以品种的特征表现出来。选择培育地离居住地近的品种，种植成功率高。居住地以外的品种，只要改变种植方式或加强管理，也可栽培。

都道府县	品 种
福冈县	长青、美味C、丰香、幸香、硕果、万福、桃香
山口县	芳香
兵库县	宝交早生
奈良县	飞鸟红宝石
三重县	桃熏
爱媛县	红珍珠
爱知县	茜娘、爱娘、天使雪兔
静冈县	章姬、红颜
宫城县	再来一颗（Mouikkō）
枥木县	女峰、枥乙女
千叶县	房之香
东京都	纯莓2号
北海道	佩奇卡

草莓种类繁多，除了本书介绍的品种，还有很多。逛当地的园艺店，寻找只在当地才售卖的特色品种，也是一件很有乐趣的事。

一季草莓品种

宝交早生

培育地/兵库县

交配种/八云 × 达贺

露地适合度/★★★★

特征/果实12 ~ 13克，呈圆锥形。酸甜适宜，香味浓，能品尝到正宗的草莓味。多汁，果肉软，不耐储藏。

栽培重点/曾在日本西部广泛种植，但因其果肉软，不适合上市，现发展为家庭菜园种植的品种。抗炭疽病、白粉病能力强。休眠期偏长，400 ~ 500小时，非常适合露地栽培。

女峰

培育地/枥木县

交配种/达纳 × 春香 × 丽红

露地适合度/★★★☆

特征/果实15 ~ 25克，呈圆锥形。有光泽，果肉紧实。甜味、酸味、香味兼具。形状和横截面非常漂亮，很受欢迎。

栽培重点/休眠期非常短，适合促成栽培。花芽分化期、开花期较早，抗白粉病能力较强。易栽培，建议初次露地栽培者种植。

茜娘

培育地/爱知县
交配种/[（爱娘 × 宝交早生） × 丰香]×（爱娘 × 宝交早生）
露地适合度/★★☆☆
特征/果实约25克，稍大，糖度高，酸味偏低。果肉紧实多汁。在德岛县以“桃草莓”的商品名上市。
栽培重点/抗白粉病能力适中。休眠期短，花芽分化、开花期早，适合促成栽培。果实长势好，易种植。

丰香

培育地/福冈县
交配种/日御子 × 春香
露地适合度/★★☆☆
特征/曾经被誉为“东有女峰，西有丰香”。20世纪90年代以前，一直都是生产上主流的人气品种。果实重约20克，香甜可口。果肉细腻紧实，汁液丰富。
栽培重点/花芽分化期和开花期早，适合促成、半促成栽培。

飞鸟红宝石

培育地/奈良县
交配种/明日香红宝石 × 女峰
露地适合度/★★☆☆
特征/果实15 ~ 18克，鲜红色，呈球顶锥体。果汁丰富，香味浓厚，果实紧实。
栽培重点/适合促成栽培。长势旺，也适合露地栽培。

长青

培育地/福冈县
交配种/肇国 × Terunoka
露地适合度/★★☆☆
特征/果实25 ～ 30克，呈圆锥形。果实大，形状稍纵长，酸甜可口。
栽培重点/植株直立式，生长势旺，抗病能力强，能结出优质的果实。每个花序的开花数量较少，适合初次种植者。

芳香

培育地/山口县
交配种/（明宝 × 丽红）× 肇国
露地适合度/★★☆☆
特征/果实约15克，呈圆锥形。香味、甜味浓，酸味较少。
栽培重点/每个花序的开花数量多，生长势旺，抗白粉病能力强，易栽培。

Rakunariichigo

露地适合度/★★★☆
特征/果实15 ～ 30克，果实大粒，呈长圆锥形。酸味清爽，果汁丰富。
栽培重点/草量少，易打理。坐果好，每株结果15 ～ 30个。抗白粉病能力强，适合初次种植者。

章姬

培育地/静冈县
交配种/久能早生 × 女峰
露地适合度/★★☆☆
特征/果实约18克，呈纵长圆锥形。甜味、香味浓，果肉紧密而柔软。淡红色，果实硬度适中，内部空洞小。
栽培重点/果实颗粒大，长势好。耐热性、抗低温性强，休眠期非常短。抗白粉病、黄萎病能力一般。若能留下长势好的花或果实，再次用其种植则可结出更大更甜的果实。

枥乙女

培育地/枥木县
交配种/［久留米49（丰香 × 女峰）］× 枥峰
露地适合度/★★☆☆
特征/漂亮的红色果实。果实约15克，多汁。酸甜适宜、香味浓郁。在日本东部广泛种植。
栽培重点/开花期稍早，成熟期适中，休眠期非常短，适合促成栽培。与女峰相比，叶片稍厚，果芯为红色。果肉硬，耐储存，收获期长。

美味C

培育地/福冈县
交配种/幸香 × 申请者培育品种
露地适合度/★☆☆☆
特征/果实呈深红色，果粒大，呈长圆锥形。果肉、果芯均呈红色，酸甜可口，富含维生素C，维生素C含量是其他草莓的1.5倍。
栽培重点/种植实例较少，以日本西部为种植中心。适合温暖地区种植。

贝瑞女王

露地适合度/★★☆☆
特征/果实约15克，呈圆锥形。其果实的大小有像柠檬一样大的记录。果皮淡红色。糖度高，果实尖端部分特别甜。多汁、香味浓。
栽培重点/适合促成栽培。生长旺盛，也可露地栽培。

幸香

培育地/福冈县
交配种/丰香 × 爱莓
露地适合度/★☆☆☆
特征/果实约20克，呈长圆锥形。果实具稳定的高糖度，果肉紧实细致，耐储藏。
栽培重点/着色好，果形的统一性好。与丰香相比，易育苗。果实硬、耐储藏、收获期也长。

再来一颗

培育地/宫城县
交配种/申请者培育品种 × 幸香
露地适合度/★★☆☆
特征/宫城县引以为傲的品种。果实圆锥形、颗粒大、清甜美味，让人忍不住“再来一颗”。
栽培重点/适合寒冷地区的促成栽培品种。抗白粉病、黄萎病能力强。虽然是新品种，但比较容易种植。

红珍珠

培育地/爱媛县
交配种/爱娘 × 丰香
露地适合度/★☆☆☆
特征/椭圆形大果，耐储存。即使在背阴处果实也呈鲜红色。香味浓，酸味少。
栽培重点/适合促成栽培。果实长势好，抗炭疽病能力强。植株长势旺盛，易栽培，叶片展开数量少，适度摘除叶片即可。

爱娘

培育地/爱知县
露地适合度/★☆☆☆
特征/大颗粒品种的始祖，果实可达50克以上。有类似柑橘的独特香味和鲜度是其魅力所在。连续30年都聚集了很高的人气。
栽培重点/种大颗粒时易产生畸形果。家庭种植时，不必勉强，以20 ~ 30克为目标即可。

硕果

培育地/福冈县
交配种/萨摩乙女 × 草莓中间母本农1号
露地适合度/★☆☆☆
特征/果实20 ~ 40克，大果。果肉比万福紧实，偏硬，耐储藏。另外，香味浓，甜度高。
栽培重点/果实颗粒大，茎叶也属大型。植株长势非常旺盛，要保持较宽的株间距。23页的万福与此相同。

维纳斯之心

露地适合度/★★☆☆
特征/果实约40克，细长的圆锥形，大果。果肉赤红，紧实，清新香甜。
栽培重点/植株长势旺盛，抗病虫害和随温度变化的能力强，也适合露地栽培。只要温度不低于−5℃，就不用实施防寒对策。

红颜

培育地/静冈县
交配种/章姬 × 幸香
露地适合度/★★☆☆
特征/果实15 ~ 20克，大果、呈长圆锥形。如果限制果实数量，可培育100克左右的大果。糖度高，香味浓郁，果肉紧实。
栽培重点/与章姬相比，每个花序的开花数量少，不易产生植株疲劳。在大果品种中属于容易栽培的品种。

房之香

培育地/千叶县
交配种/Kiharu × 枥乙女
露地适合度/★☆☆☆
特征/果实约30克，大果，有光泽。有像桃子的特有香味，酸味少。果肉稍硬，耐储存。
栽培重点/开花期早，休眠期短,适合促成栽培。植株长势旺盛，也很适合家庭种植。

万福

培育地/福冈县
交配种/爱娘 × 丰香
露地适合度/★☆☆☆
特征/果实平均重25 ~ 30克，最大可以达到90克，果皮亮红色，呈圆锥形。
栽培重点/休眠期短，适合促成栽培。果实颗粒均匀，空洞少。为了收获大而漂亮的果实，人工授粉需精心。

桃熏

培育地/三重县
交配种/久留米IH1号 × 申请者培育品种
露地适合度/★★☆☆
特征/果皮呈粉白色，味道清甜，不仅有草莓的味道，还有水蜜桃的香味，有一种与以往品种不同的风味。
栽培重点/母本是长青与野生种交配而成。植株属直立式，长势旺。抗寒性好，坐果非常好。

菠萝

培育地/德国
交配种/南美原产种和北美原产种交配而成
露地适合度/★★★☆
特征/香味浓，几乎没有酸味，白色小颗粒草莓。口味和香味很像菠萝。
栽培重点/花粉量少，不同品种种植间距要靠近一点，如不直接授粉很难结果。

蜜香

露地适合度/★★☆☆
特征/果实成熟后，空气中弥漫着浓厚且香甜的气味。果肉最高糖度可达18°。该品种的特点是味道像蜜一样甜，果肉白且紧实。
栽培重点/种植后立刻长出的花芽要摘除。用心培育植株，能结出香甜的果实。

桃香（久留米IH1号）

培育地/福冈县

交配种/丰香 × 野生种

露地适合度/★★☆☆

特征/美味的丰香与果实白色、有桃子香气的野生种交配而成。果皮呈粉色。

栽培重点/植株长势略旺。喜日照好、排水好的环境。容易种植，但果皮颜色会出现浓淡不均。

白雪小町

露地适合度/★★☆☆

特征/果实约15克。果实成熟后，果皮呈白色。酸味少，糖度为10° ～ 12°。

栽培重点/要在日照好、排水好的环境种植。瘦果变红后迎来收获期。

怀旧的梦幻品种：达纳

达纳是1945年美国培育的新品种。在日本经济高度发展时期，与奶油草莓一起流行起来。但随着女峰、丰香等新品种的登场，达纳的种植也迅速减少，到了20世纪90年代，达纳已经不在市场上流通了。

达纳打破休眠的时间需要500 ～ 700小时，适合露地栽培。

达纳的果实呈短纺锤形，偏圆。

四季草莓品种

夏姬

特征/如名字一样，夏天耐热。可以从春季到秋季长时间收获果实。果实呈长圆锥形，形状漂亮，味道香甜可口。

栽培重点/耐热性强，盛夏时期花芽分化停止，产量减少。但适当追加肥料可保证自然结果，提高产量。

佩奇卡

培育地/北海道

交配种/大石四季成2号 × 夏莓

特征/果实10 ~ 20克，呈圆锥形。果实硬度适中，香气四溢，酸味偏少。夏季（草莓的淡季）作为制作草莓蛋糕的专用食材。

栽培重点/抗寒性强，在露地栽培中，种植前用银色塑料薄膜覆土。而在温暖地区的夏季高温期，植株容易发育不良，需要做好越夏防暑工作。

天使雪兔

培育地/爱知县

交配种/日本四季品种 × 申请者培育品种

特征/四季开花结果的草莓。果实在阳光下呈淡淡的粉色。有浓厚的香味和柔和的甜味。

栽培重点/既适合露地栽培也适合盆栽。容易栽培，适合初次种植者。瘦果变红是收获期到来的信号。

纯莓2号

培育地/东京都

交配种/纯莓 × 女峰

特征/果实15 ~ 20克，呈圆锥形。鲜红色的果肉，中心淡红色，果皮有光泽。脆而爽口，口感舒适，耐储存。

栽培重点/抗炭疽病、白粉病能力强，适合初次种植者。一株可结果30个以上。

Dolce

特征/果实20 ~ 30克，呈长圆锥形。糖度高。每株可结果30 ~ 50个。春秋季节收获稳定且美味可口的四季品种。

栽培重点/耐热性强，气温30℃左右也可开花。收获期长，可持续到初夏。抗白粉病能力强，盆栽、露地栽培都适合。

Mecha Deca

特征/高糖度和适中的酸味，格外新鲜。果实呈漂亮的圆锥形，果实大小均匀。

栽培重点/耐热性强，即使在高温条件下，花芽也能不断生长，多产。家庭种植易栽培，露地栽培、盆栽都可以。

大草莓

特征/如名字一样，果实大。在四季品种中罕见，果皮呈鲜艳的深红色。

栽培重点/春秋季连续结果。收获初期结大颗粒的果实。夏季也可结果，家庭种植易栽培。

新白鸟4号（甜甜的感觉）

特征/果实约15克，果皮呈鲜红色，有光泽。糖度高，夏秋季节也能结出香甜的果实。说到四季草莓，首先想到的就是它，被草莓生产者赋予很高的评价。

栽培重点/开花稳定，有的地区可以实现春秋连续结果。容易自然授粉，不结小颗、劣质的果实，适合家庭种植。

野草莓

特征/原产地为欧洲、亚洲。与栽培种同属草莓属（*Fragaria*）。种名*vesca*。富含维生素C和铁元素。酸味强，除了鲜食，也可以用于制作草莓酱、草莓蛋糕、草莓冰激凌。

栽培重点/抗寒性、抗热性强。对土质没有特殊要求，是很坚韧的品种。除了隆冬、盛夏，野草莓可一直开花，长期收获果实，但需注意定期追肥。

日本草莓

特征/与栽培种同属草莓属（*Fragaria*），种名*nipponica*。呈球形或卵形的小型果实。在自生地6月收获，在日本关东平原地区，收获期为4月下旬至5月。

栽培重点/日本中部地区（主要靠太平洋一侧）和屋久岛野生，其他地区可广泛栽培。匍匐茎生长旺盛，易育苗。

诺戈草莓

特征/与栽培种同属草莓属（*Fragaria*），种名*iinumae*。初夏盛开白色小花，果实最大2厘米长，口味、香味俱佳。

栽培重点/北海道至本州北部野生，其他地区也可栽培。适合种植在通风良好、向阳或半阴环境的肥沃土壤中。在温暖地区注意防止高温和湿度过大。

品种改良的关键

在自然条件下栽培的草莓收获期是每年5 ～ 6月。温暖地区能实现提前收获，如果进一步人工提高地温，收获期还会再提前一些。

早在100多年前，日本静冈县就有了利用辐射热种植草莓的“石垣促成栽培”法（详见104页）。进入20世纪50年代，聚乙烯的发明使塑料温室棚成为农业种植的重要资材。并且供暖设备也被发明，使草莓在各个温暖地区提前收获得以实现。

促成栽培的草莓多选用休眠期短的品种。在“石垣促成栽培”刚被采用的时期，选用的品种是休眠期非常短的福羽。随着品种不断更新，经历了从福羽到宝交早生、丰香、女峰，再到红颜、章姬、甜王等。说起这些品种的共同点，除了果实颗粒大、美味、多产，还有休眠期短。

设施栽培技术和品种改良技术双管齐下，把草莓从11月至翌年6月长期连续上市变成可能。即使在当今日本，草莓的栽培技术也可以称作设施园艺栽培的典范。

每年7 ～ 10月是草莓青黄不接的时期。在气温较低的地区，盛行种植制作草莓蛋糕用的四季草莓。四季草莓的匍匐茎抽生少，繁殖率低。四季草莓新品种虽然繁殖率有所改良，但还是无法跟一季草莓相提并论。由于四季草莓的营养生长和生殖生长同期并行，因而很难将匍匐茎繁殖改良到一季草莓的水准。四季草莓虽没有一季草莓产量高，但因正值市场以进口为主的夏秋时期，还是被市场经营者寄予很大的期待。

由于品种改良技术的发展，延长了草莓的供应期，实现一年四季都能品尝到草莓。

第3章

草莓12月栽培管理

利用3种栽培方法，一年四季均可收获草莓

本章将介绍3种不同的栽培方法。如果3种栽培方法同时进行，就能在一年四季品尝应季草莓。

露地栽培

露地栽培是指在温室外或无其他遮盖物的土地上种植草莓的栽培方式。

选择在第2章中介绍的“露地适合度”3颗星以上的一季品种。2颗星以下的品种也可种植，但由于休眠期短，需要在年初搭建小拱棚保温，才能结出不错的果实。露地栽培是家庭菜园种植的传统方式，从秋季在田间种植、越冬，到春季开花、结果需要半年以上的时间。

促成栽培

选择在第2章中介绍的“露地适合度”2颗星以下的、休眠期短的一季品种。种植后，进行温度管理来抑制休眠，从而实现冬季收获的栽培方式。

这种栽培方式看似很难操作，其实只要秋季把株苗植入花盆或栽培箱中，放置走廊或阳台上，做好温度管理，就能在短期内收获果实。

四季草莓栽培

四季草莓可全年种植，种植前要去掉草莓苗上的花，以便根可以把全部能量用于定植。种植后，它们会长出新叶且不久就会再次开花，这意味着可以坐果了。

选择在第2章中介绍的春季种植、6 ～ 9月收获的四季品种，由于不经过冬季休眠，既适合露地栽培，也适合盆栽。

栽培过程历经高温时期，有的地区需做好防暑工作。

● 3种栽培方式的收获曲线图

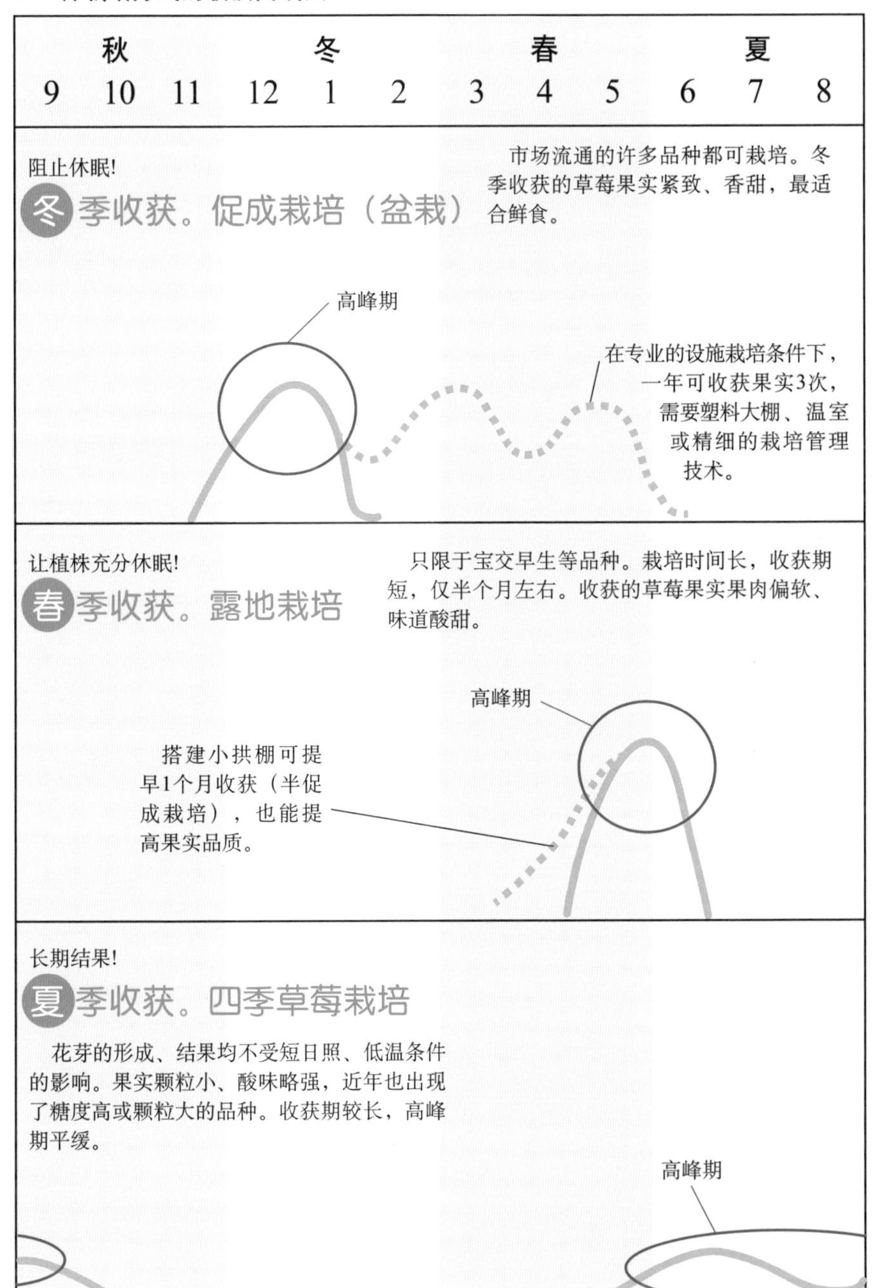

注：表格中的曲线表示产量的变化。

草莓12月栽培管理月历

栽培方式	9月	10月	11月	12月至翌年1月
露地栽培	←花芽分化期→ 田间准备（放入石灰、基肥） 购苗	起垄（垄高约20厘米） 移植苗木 灌水	←休眠期 去枯叶 追肥（第一次）	休眠期 防寒对策（铺稻草和防风） ※只限寒冷地区
促成栽培	←花芽分化期→ 选择花盆、栽培箱 土壤的准备 购苗	←开花期 定植 灌水（土壤变干时随时灌水）	开花期 人工授粉（必须） 追肥 温度管理（防止下降到8℃以下）	←收获期→ 开花期→ 收获（开花50～60天以后）
四季草莓栽培（夏秋收获）	收获期→ 植株的处理（可持续栽培，但结果不良）			

2月	3月	4月	5月	6月	7～8月
摘除下部叶片、摘花 追肥（第二次） 地膜覆盖（黑色塑料膜） 搭建小拱棚（根据情况需要）	生育期 除去匍匐茎（收获期结束时随时处理） 病虫害防治（物理防治）	开花期 人工授粉（根据情况需要） 地膜覆盖（稻草）	防止鸟害 收获（开花35～45天以后）	收获期 用母株的匍匐茎育苗（母株为新苗时，从4月开始）	苗的育成 太阳热消毒（根据情况需要）
植株的处理（可继续栽培，但易发生病虫害）					太阳热消毒（根据情况需要）
	田间的准备（露地栽培） 土壤的准备（盆栽）	购苗 定植 覆盖地膜（银色塑料膜）	花芽分化期 开花期 除下叶 除去匍匐茎（收获期结束前随时处理） 人工授粉（根据情况需要）	收获期 收获（开花30～40天以后） 追肥（第一次收获后）	收获（可持续到9月） 越夏对策（根据情况需要）

9月

秋季种植的一季草莓开始栽培。
一边准备田间土壤或花盆土壤，
一边选择适期健康的草莓。

健康株苗的区分方法

草莓苗装盒售卖。尽量购买当季株苗。

苗的选择

秋天种植用的苗多在每年9月中下旬上市。这个时期市场上的幼苗大多是经过越冬、春季收获的一季品种。露地栽培时，能栽种的品种有限，选择“露地适合度”3颗星以上的品种成功率高。相反，盆栽时要选择“露地适合度”2颗星以下的品种。即使是不适用于露地栽培的品种，只要在初春搭建小拱棚进行半促成栽培，也能收获果实(详见50～51页)。

选苗时一定要选择健康的。要选择着生的3枚叶片形状完好、一致，叶片厚而浓绿，无病斑，根系粗壮，须根伸展的苗。

露地栽培作业

● 田间准备

露地栽培从种植到收获需要经历半年以上的时间。所以要选择完全腐熟的堆肥等肥效持续时间长的有机肥作为基肥。使用化肥时也要选择缓效性的，如果只有速效性化肥时，每平方米土壤施入化肥25克后，还需加入油粕20克、完全腐熟的堆肥500克左右（4～5把），肥效依次显现，不用担心缺肥。

调配基肥成分时需要注意的是不要加入过量的氮素。适宜种植草莓的土壤中氮素的含量偏低，如果氮素含量升高，会促进花芽分化。氮素是叶茎生长不可缺少的营养元素，所以如果缺少氮肥在追肥时补充是施肥管理的关键。但是在施加基肥的阶段，如果加入过量的氮肥，会导致花芽分化的延迟或出现叶尖干枯的现象。

● 田间培土
（施加苦土石灰和基肥）

❶如果需要调节土壤酸碱度，要在进行步骤❸的1周前，在培垄的地方全面撒入苦土石灰。

❷每平方米的土壤均匀撒入100克苦土石灰，翻地。

❸在植苗2周前施加完全腐熟的堆肥、油粕等基肥。

❹为使肥料与土壤充分混合，翻耕土地，将肥料翻入土中，耕层要达到30厘米左右。

❺耕地要均匀，种植前培垄。

草莓的根部易被肥料烧坏，在植苗2周前把基肥混入土壤中搅拌均匀。如果需要调整土壤的酸碱度（pH），在施加基肥的1周前，全面撒入苦土石灰即可。

促成栽培作业

选择花盆、栽培箱

花盆、栽培箱的容量分为小型（容量6 ~ 10升）、中型（容量20升左右）、大型（容量30 ~ 40升）等。草莓属于浅根性植物，植株不高。家庭种植时选择小型或中型的即可。小型可种植1 ~ 2株，中型可种植3 ~ 4株，产量不输露地栽培。

如果按照材质分类，可分为塑料花盆、瓦盆、木制花盆3种。这3种类型各有优缺点。家庭栽培适合轻便、结实、易于搬动的塑料花盆。

准备土壤

可在市面上购买专用培养土，其肥料成分都是事先配好的，有适合种植所有蔬菜、花卉的培养土，也有草莓专用培养土等，种类很多。

但是由于生产培养土厂家不同，品质也不尽相同。有的很难明确内含成分。这种情况最好还是单独购买土壤和肥料，自己调配培养土比较好。

以赤玉土和腐叶土为主要材料，混合添加调整酸碱度的苦土石灰和化肥（尽量选择缓释肥）。也可以使用田间土作为主要材料，但土壤中有可能潜藏病原菌，第一次种植还是在市面上购买比较安心。

调制培养土

赤玉土（小粒）

＋

腐叶土（叶片细小）

＋

苦土石灰

＋

化肥（尽量选择缓释肥）

赤玉土和腐叶土以1 ∶ 1的比例调和搅拌均匀，再加入苦土石灰、化肥（比例为每升土中加入苦土石灰1～2克、化肥7～10克），最后调和搅拌均匀。

花盆、栽培箱的种类

塑料盆

结实轻巧，易打理。但透气性差，需要在底部加工，增强透气性。

瓦盆

水分能从盆体表面蒸发，透气性和排水性好。但盆体较重且易碎。

木制盆

透气性好，内部温度不易升过高。但木制和金属的部分易被腐蚀。

◆ 竟然还有这种花盆！◆

草莓壶

多为瓦制盆，呈壶形。在壶体周围有种植用的小兜，调整好高度，可以种植数株。

连体花盆

塑料制品，3个花盆连接在一起形成奇特的形状。为不让叶片重叠，可调整好位置种植，呈塔形生长。

10月

9月下旬至10月上旬是植苗的最佳时期。

让苗根部充分吸收水分后再种植，种植后也不要忘记给每株苗灌水。

种植前苗的管理

草莓苗要在种植之前购买，最好是前一天购买。因为草莓苗在日照时间短的这个时期会进行花芽分化，腋芽生长旺盛。如果购买后放在壶中不取出来种植，会引起肥料供给不足，植株生长会变得迟缓，并且花芽生长数量不足。

露地栽培作业

培垄

选择日照好、排水好的位置植苗。为了使须根能够充分伸展，垄床高度要在15 ～ 20厘米。如果田间排水不好，垄高30厘米左右比较好。

只培一条垄完全没有关系，由于草莓的根域不占空间，垄宽60厘米种两排苗效率比较高。

植苗

准备种植前，用喷壶给每株苗浇水，再把株苗放在垄床上确定种植位置，株间保持30厘米左右。如果要种两排植株，植株的距离也要30厘米左右。注意着生花芽的短缩茎要露出土面。最后给每株植株充分灌水。

露地栽培——植苗

在田间种植（种两排的实例）

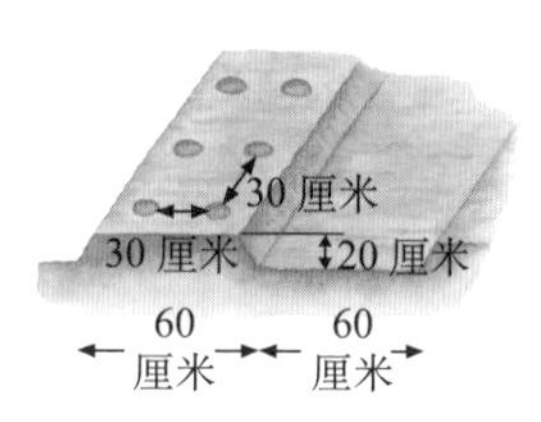

❶培出宽度 60 厘米、高度 20 厘米的垄。两排垄之间、同排两株苗之间都要保持 30 厘米的距离。

❷种植前用喷壶浇水

也可以把苗壶浸入装水的桶中，使根部充分吸收水分，浸泡到水泡完全消失。

❸把株苗放到垄上，确定行间距和株间距。

❹用手或小铲子挖出种植坑，取出株苗。若须根缠绕，用手轻轻解开。

注意短缩茎的部分（图中手抓住的部分）要露出土面。

种植的朝向

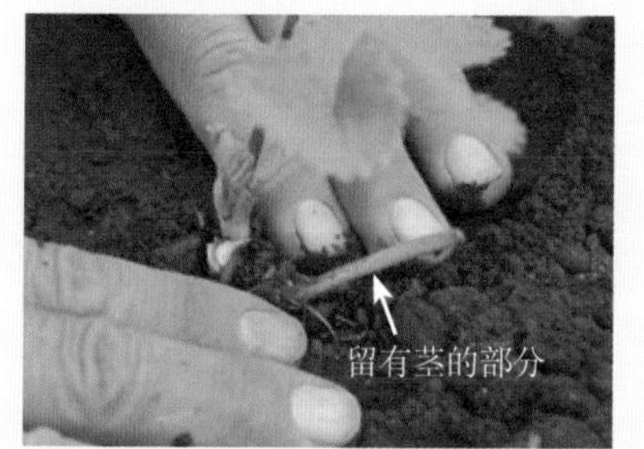

在种植走茎苗时，要把留有茎的部分朝向垄地内侧种植。这样能使长出果实的一侧面向通路的方向，增添收获的乐趣。

❺种植后 1 周内每两天浇 1 次水。之后一直到降霜的 11 月中旬，每周浇 1 次水。

◆ **草莓壶的种植** ◆

在壶中（中央部分）加土至外侧小兜的高度。然后可以把株苗植入外侧小兜内，调整根球与小兜边缘一般高，茎朝向内侧。最后在壶中加土，壶中也可种植。

促成栽培作业

定植

作业顺序与露地栽培相同。花盆容纳根部的空间有限，株距可保持在20厘米左右。使用栽培箱种植时，必须使茎的朝向一致，如果是连体花盆，茎要朝向内侧种植。

● 花盆、栽培箱种植

种植时让茎的朝向一致

短缩茎留在土表面

深20厘米

20厘米

20厘米

20厘米

60厘米

花序在茎的反侧长出

种植后充分浇水

20厘米

按照每株的用土量来决定株数和株间距。注意不要种太多。

● 连体花盆的种植示例

❶装土，不要装满，留有存水的空间；挖种植坑。

❷从盆内取出株苗，放入种植坑，用土把根埋好。

❸种植后充分浇水。之后，当土壤有些干时，在晴天上午浇水。

11月

露地栽培是让植株充分进入休眠状态的栽培手法。而促成栽培是为了抑制植株进入休眠状态，因此需要进行温度管理，且开花后要进行人工授粉。

露地栽培作业

摘除枯叶

种植后，叶片不断增多。随着气候变冷，叶片的生长逐渐贴近地面，最后像蒲公英一样，在地面形成莲座形。降霜后，除了中央的2 ～ 3片叶，剩余的都会逐渐枯萎。而完全枯萎的叶片要随时摘除。因为枯叶易引发植株感染病虫害，所以不只是这个时期，其他时期一旦发现就要及时摘除。

追肥（第一次）

为了让植株根部生长、越冬，要实施追肥。在距离植株10 ～ 15厘米的位置，每平方米土壤加入化肥12克、油粕20克，并搅拌使之与表层土壤混合均匀。

如果使用缓释性化肥，不用添加油粕，化肥用量25 ～ 30克即可。

● 追肥

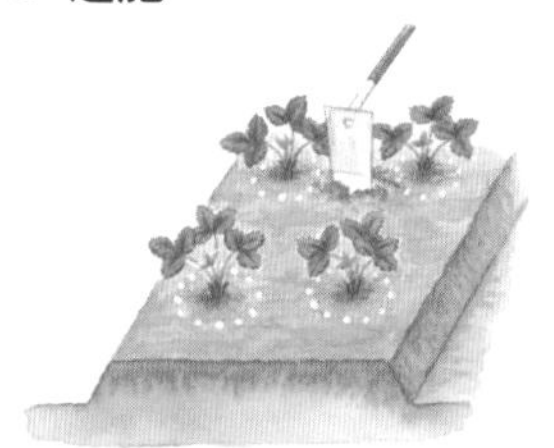

在距离植株10 ～ 15厘米的位置施加肥料，搅拌使肥料与土混合一起。

用2 ～ 3根支柱合成一股，搅拌肥料和土很方便。

● 摘除枯叶

随时摘除枯叶，绿叶不要摘。要在晴天时作业。

促成栽培作业

温度管理

把种植好的花盆放在家中朝南、日照好的走廊或阳台上。如果是栽培箱那种细长的容器，把宽的一侧朝南摆放。

当温度降到5 ～ 7.5℃时，植株将进入准备休眠的状态。所以保持温度不低于8℃的管理很重要。在日本关东以西的平原地区，不必太担心这个问题。而在气温变低的地区，可以把花盆放入泡沫箱或栽培箱中，起到加层保温的作用。也可以覆盖保温膜。为了防止地表温度下降，有必要下一番功夫。

● 考虑日照

花盆要放在家中朝南、温暖的地方。如果是栽培箱等细长的容器，把宽的一侧朝南摆放。

● 轻松防寒小贴士

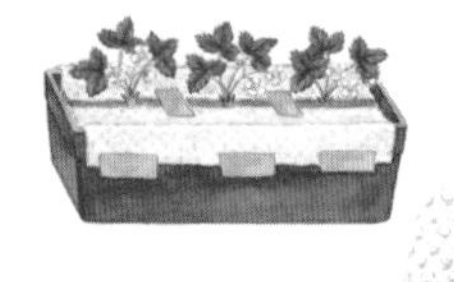

在栽培箱外层、土壤表面覆盖一层塑料泡沫缓冲垫，不仅可以保温，在结果时也能起到缓冲保护的作用。

◆ 使用药剂防治病虫害 ◆

如果在开花结果前预防性地少量喷洒药剂可以抑制病虫害的发生。而且因为花和果实没有接触到药剂，结出的果实可以安全食用。在开花结果后，建议采用物理防治。这个阶段药剂使用量和次数，请遵循使用说明书的规定使用。

另外，在气温下降的夜间，把花盆移到防雨窗下面，或者用纸箱罩在上面，会起到很好的保温效果。

浇水与追肥

花盆内土壤容量有限，为防止土干要勤于浇水。为了防止土表温度下降，要选在晴天的上午浇水。

追肥时，每株需要化肥4 ～ 5克，在距离植株约10厘米的位置施肥。也可以使用方便的液肥（300 ～ 500倍液），兼顾浇水。

授粉

草莓是虫媒花。但这个时期几乎没有昆虫的采花活动。所以必须要用笔刷或棉棒进行人工授粉。

在促成栽培中，人工授粉是必要措施。

◆ 防止植株过度消耗 ◆

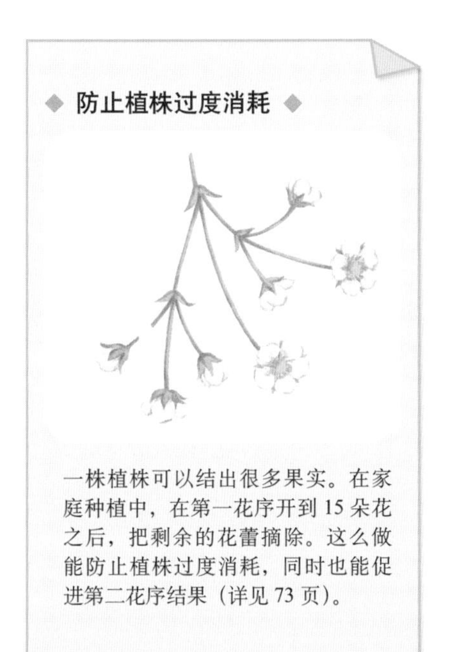

一株植株可以结出很多果实。在家庭种植中，在第一花序开到 15 朵花之后，把剩余的花蕾摘除。这么做能防止植株过度消耗，同时也能促进第二花序结果（详见 73 页）。

● 授粉的方法

用柔软的笔刷在花朵中心部全面蘸涂雄蕊和雌蕊。也可使用棉棒，这样便于观察是否蘸到黄色的花粉。
开花后 3 ～ 4 天是授粉的最佳时期。在晴天中午（12 点左右）进行易于授粉。

这个时期几乎没有昆虫的采花活动，要想结果必须实施人工授粉。

12月至翌年1月

在露地栽培中这个时期是草莓的休眠期。在气温长期持续0℃以下的地区，要采取防寒措施。而在盆栽促成栽培中，这个时期即将迎来收获期。

露地栽培作业

防寒措施

休眠中的植株能够抵御寒冷，一般冬天不需要防寒。但是，如果连日在冰点（0℃）以下，或地面冻结的地区，则需要进行防寒。选择透光的无纺布直接盖在垄上，或者用稻草铺盖都可以起到防寒的作用。如果是季风强的地区，可以在田间北侧搭建防风帐。

休眠中的植株在5℃以下需要积累一定的时间才会结束休眠，所以一直到12月保持低温的环境是必要的。

● 田间防寒措施

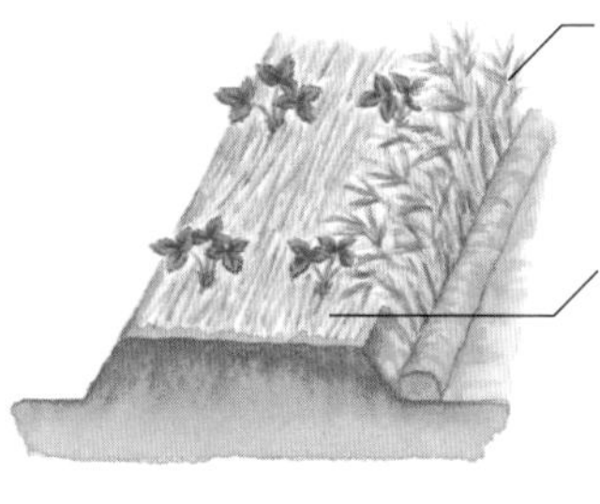

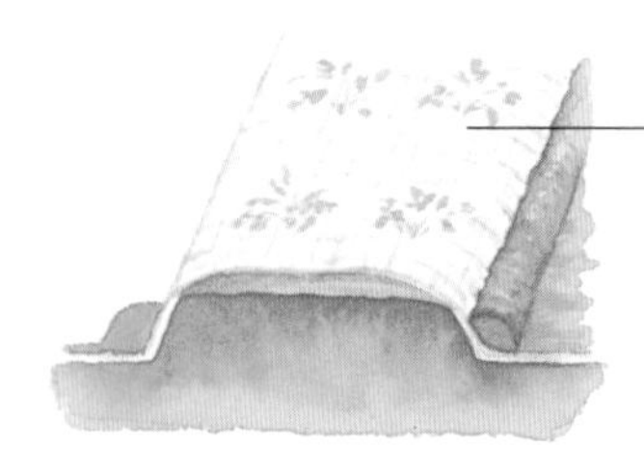

促成栽培作业

收获

授粉50～60天后，果实膨大，迎来收获期。结果后，把长有果实的一侧朝南，果实在日照下会变得鲜红，这时就可以用手或剪刀采摘了。

收获后的处理

收获后，只要控制温度不低于8℃以下，植株就可以继续开花结果。

但是持续开花结果有可能会遇到果实颗粒大小不均、难以度过易感染病虫害的时期等棘手的问题。如果是专业农户，在温度严格管理的塑料大棚、温室内，可采取施肥、药剂防除、摘花等方法来解决这些问题，收获期可以持续到5月。如果是家庭种植，不必勉强，收获至1月后，把植株连根拔掉，当作垃圾丢掉即可。

拔掉植株

收获后的植株易被蚜虫、螨虫为害，拔掉感染病虫害的植株。盆土留在花盆中即可，土壤再生后可继续使用（详见66页）。

有的品种开花50～60天后迎来收获期。促成栽培的草莓香甜，肉质紧实，最适合鲜食。

2月

露地栽培的草莓从休眠中苏醒，迎来生长期。在春季真正的生长期到来之前，做好摘除下部叶片、追肥、铺盖地膜的工作，调整好植株的生长环境。

露地栽培作业

摘除枯叶

初春，植株结束休眠再次开始生长时，要摘除枯萎的下部叶片（详见43页）。在秋冬季，花茎也会稍有生长，植株也会开花。但在寒冷条件下长出的果实长不大，需要摘除。

追肥（第二次）

为了促使草莓在春季生长，要实施第二次追肥。每平方米土壤中施化肥12克、油粕10克，撒在垄间。再用垄沟的土壤覆盖，也可起到培土的作用。如果是缓释化肥，只需20 ～ 25克即可。

寒冷时节的摘花

寒冷时节开的花结出的果实长不大，要摘除。等到3月中旬变暖以后，开出的花再保留。

追肥的施加方法

在垄间播撒肥料，用垄沟的土覆盖。

也可在垄的两侧挖出垄沟播撒肥料。挖好垄沟便于之后覆盖地膜。

如果垄的形状保持完好，也可像第一次追肥时撒在植株附近的位置，再与土壤搅拌均匀即可。注意撒肥料时不要太靠近植株，以免叶片被烧伤。

覆盖地膜

追肥后，要进行全面的地膜覆盖。进入开花结果期后，草莓植株直接接触土壤或被迸溅上泥土，都可能引起病害的发生，地膜覆盖可起到保护作用。地膜最好选用既能提高地表温度又能防止杂草生长的黑色塑料薄膜。

如果在10月培垄时已经覆盖地膜，这时的作业会很轻松。但容易因为干燥引起植株的发育不良，所以还是等植株休眠结束后，再覆盖地膜比较稳妥。

● 用黑色塑料膜覆盖

❶ 在垄地周围挖出垄沟，把塑料膜的一端用土压住。

❷ 确定好株苗的位置，把塑料膜撕开一个“十”字形小口，把叶、茎从小口中取出。

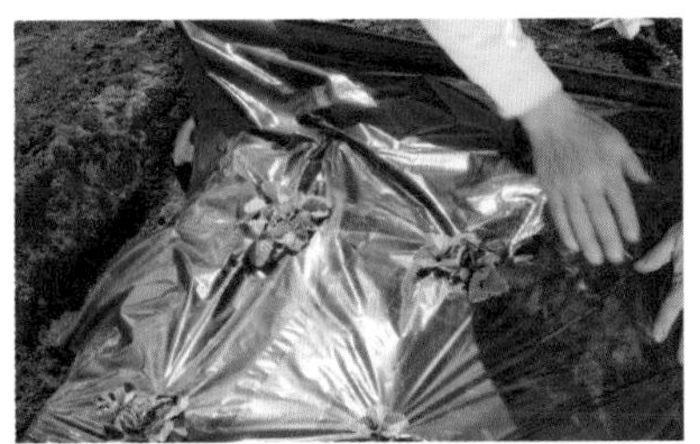

❸ 铺膜时要使塑料膜与垄地紧密贴合。

❹ 把塑料膜的另一端用土压好后就完成了。需要注意“十”字形小口如果过大，地膜覆盖的效果会变差。

塑料小拱棚的搭建

确保开花结果稳定，提高果实品质

这个时期，如果把市场上主要流通的促成栽培品种用于露地栽培的话，促成栽培品种休眠时间短，会在气温不稳定的2 ~ 3月开花，草莓植株很可能因为受冻不结果。在覆盖地膜后，搭建塑料小拱棚就可以确保开花结果的稳定。

另外，搭建塑料小拱棚可比露地栽培提前0.5 ~ 1个月开花结果。这种栽培方式被称作半促成栽培。收获期也可延长1 ~ 2周。此外，塑料小拱棚也可起到防雨的作用，如果做好人工授粉，就能收获高品质的果实。

搭建塑料小拱棚需要支柱、塑料膜等资材。家庭菜园如果是一垄地，不需太多劳力就可以搭建。

搭建小拱棚的关键

首先，把支柱插在垄地上，形成弓形骨架。支柱之间保持0.9 ~ 1米的距离。如果是强风地区，可以缩小支柱间的距离，或者把骨架边缘的两根支柱呈交叉状插入土中，可以提高骨架结构的稳定性。

用U形夹把塑料膜固定在骨架的一端，再把塑料膜沿着骨架铺盖到另一端，多留出一些塑料膜后再用剪子剪短。把塑料膜拉平整后用U形夹固定，多出来的塑料膜用土盖好，用脚踏实。

搭建好小拱棚后，密封半个月左右。等植株的根茎生长旺盛后，白天揭开塑料膜一端换气，晚上再封好。通过一开一合，可以起到调节温度的作用。

另外，即使搭建小拱棚使用的是带气孔的塑料膜，在强光、温度骤升的时候，也要通过这个方法来调节温度。

搭建塑料小拱棚示例

❶ 把支柱架在垄地上。支柱插入土深约 20 厘米，支柱与支柱的间隔保持在 0.9 ~ 1 米。

❷ 在支架的一端，用 U 形夹把塑料膜的一端固定，再把塑料膜铺盖到支柱上。

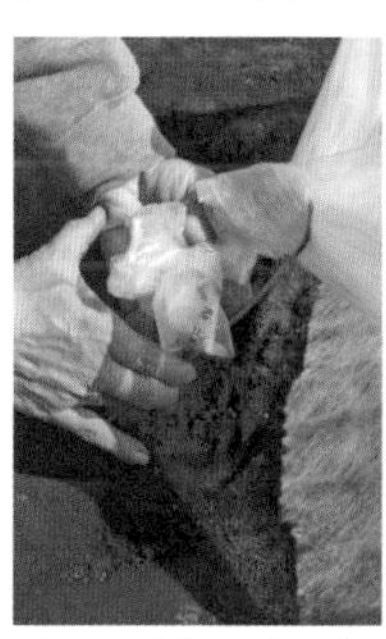

用 U 形夹固定时，把塑料膜的一端捋成一股，穿过 U 形夹的中心绕一圈后，插入地面（左图）。并且用脚踏实，使 U 形夹固定在土中（右图）。

❸ 塑料膜多余的部分用土盖好，再用脚踏实。

❹ 最后在塑料膜的外围同样架上支柱，增加强度。

小拱棚的使用方法

棚内温度过高的情况下，白天也需打开下摆换气，但夜间要关闭。即使是带孔的塑料薄膜，也会有温度过高的情况，所以也要多加关注。

3月

天气逐渐转暖，茎叶的生长开始旺盛起来。同时，病虫害也极易发生，需要做好防除工作。另外，这也是四季草莓的培土时期。

用黑色塑料膜覆盖土壤，当地表温度上升时，生长旺盛，叶片不断增多。

露地栽培作业

除茎

塑料小拱棚栽培或在温暖地区，这个时节是茎开始旺盛生长的时期。茎是指草莓植株为了营养繁殖而生长出的匍匐茎。直到收获期结束，为了营养不被匍匐茎吸收而影响果实的膨大，匍匐茎应尽早除掉。

随着植株生长旺盛，匍匐茎也不断生长，直到收获结束，要随时除茎。

病虫害防治

随着气温升高，草莓植株易感染病虫害的时期到来。常见病害有细菌病、炭疽病、灰霉病等，害虫中的螨类、蚜虫等比较棘手。

摘除感染病害的叶片或植株

发现患病处，立即摘除。如果病害感染到整个植株，迅速拔除整个植株，以免感染其他植株。

感染炭疽病叶片会出现黑斑。

附着在叶片内侧的蚜虫。蚜虫可传播细菌病。

蚜虫、叶螨的防除示例

❶ 用棉棒状的黏着棒，把附着在茎或叶片内侧的蚜虫、叶螨粘除。

❷ 完成❶后，用手掐住水管的前端，利用水势冲掉残余的蚜虫、叶螨。

防除这些病虫害当然可以喷洒药剂，但在植株就要迎来开花结果的这个时期，尽可能采用物理防除法。虽然产量或多或少会减少，但能吃到安全、放心的草莓是家庭菜园种植的优势。

四季草莓栽培作业

培土

进入4月后，四季草莓的株苗开始上市，开始准备田间培土或盆栽土壤吧（详见37 ~ 39页）。

四季草莓无论是露地栽培还是盆栽栽培，栽培方法相同，选择哪一种都可以。但在春、夏季，茎叶生长过于旺盛，初次种植建议选择便于管理的盆栽栽培。

4 月

露地栽培作业

植株不断开花的时期。根据需要，实施人工授粉。为了保护生长的果实，铺好稻草。这是四季草莓定植的最佳时期。

授粉

这个时期蜜蜂等访花昆虫飞来，会帮助草莓授粉。露地栽培也可借助风力实现授粉，所以不是必须实施人工授粉的。如果是几乎看不到访花昆虫的地区，就要实施人工授粉。如果授粉不充分，会出现畸形果。

人工授粉的关键

在几乎看不到访花昆虫到访的地区，要实施人工授粉。与 11 月作业（详见 45 页）相同，在开花后 3 ~ 4 天，晴天时进行。

只有雌蕊充分授粉后，花托才能变成漂亮大粒的果实。

如果访花昆虫经常到访，就不用人工授粉。

覆盖稻草

授粉后，花托逐渐开始膨大。果实垂到黑色地膜上一般没有什么影响。但有的品种与聚乙烯长期接触，果实表皮会有损伤。如果初春铺盖的黑色地膜沾有泥垢，易引起病虫害的发生。所以，在黑色地膜上铺一层稻草可以起到双重保护的作用，有助于收获高品质的果实。

在植株周围或垄间铺上稻草，结果时可起到缓冲、保护果实的作用。

四季草莓栽培作业

定植

4～6月，四季草莓苗上市。种植方法与一季草莓相同（详见40～42页）。在露地栽培中，选择无强风的阴天或晴天（避开白天高温时段）种植。

覆盖地膜

一季草莓在露地栽培中，为防止冬季干燥，定植后不用马上覆盖地膜。而四季草莓种植后需要马上覆盖地膜。

比较推荐使用银色或银色带条纹的塑料膜，可以抑制地表温度的上升，同时利用光的反射，还可以驱赶蚜虫，比较适合这个季节使用。

● 适用于四季草莓的银色塑料膜

银色塑料膜比黑色塑料膜能抑制地表温度上升，适合春、夏季栽培。培垄后直接覆盖，再在膜上定植。

草莓育苗

一季草莓春季上市的苗几乎都不是为了结果，而是用于定植。使用这种株苗可以培育出适合秋天种植的自家苗。

如果是没有受到病害侵染的一季草莓的健康苗，收获期结束后，也可用于定植。如果让匍匐茎继续生长、生根，就能繁殖出新苗。

● 匍匐茎定植

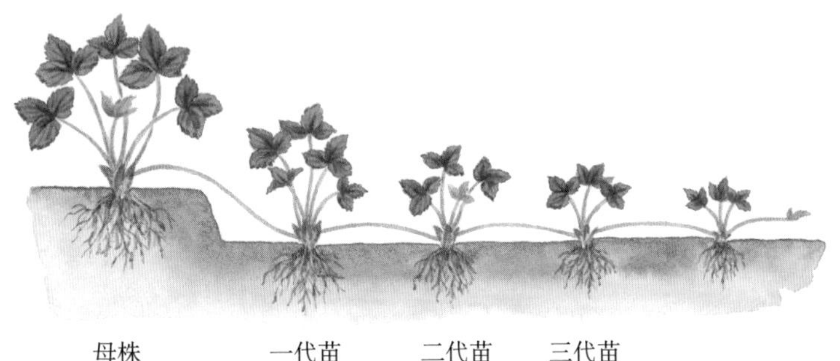

用春季上市的一季草莓苗定植。3 ~ 5 片叶展开的、根系健壮的植株适合做母株。植株越大，开花数越多，但果实长势不好。也可用收获期结束的植株作为母株，通过延伸匍匐茎育苗。

育苗的关键

种植母株的过程与10月作业（详见40 ~ 42页）相同，必须让短缩茎露出地面浅植。

从春天到夏天是育苗的季节，所以浇水和防暑尤为重要。浇水要在每个晴天进行，如果日照变强，要用寒冷纱覆盖在植株上（详见63页）。

把田间作为苗床

❶在靠近匍匐茎附近的位置留出苗床的空间，每平方米的土壤中撒入苦土石灰 100 克、化肥 50 克、堆肥 2 千克，与土搅拌均匀。

❷空出适当的间隔把匍匐茎伸展摆放在苗床上。母株之间的距离最好在 80 ~ 100 厘米，按照这个标准种好母株。

在壶中育苗

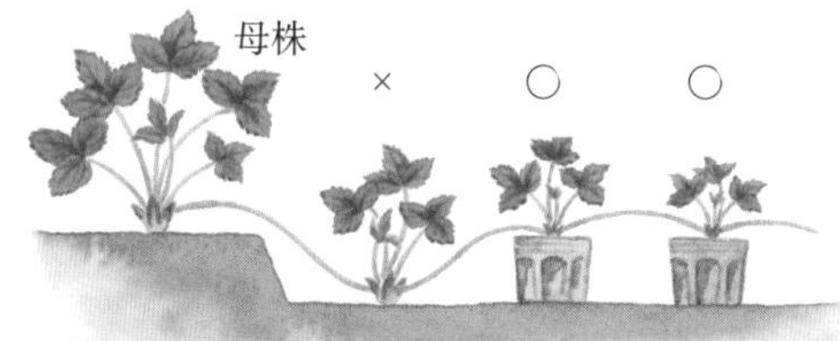

也可不直接种在田间，把放入培养土的壶当作苗床。如果把收获期结束的植株作为母株，从二代苗开始放入壶中，可以预防病害的感染。

❶选择 3.5 号大小的壶装入培养土，放上子苗后用 U 形夹固定。使用育苗专用培养土，可防止病虫害的发生。

❷一直到秋天都要勤浇水。U 形夹固定两周后，子苗开始生根，如果要移动子苗，需剪断匍匐茎使之分离。

◆ 剪断匍匐茎的小窍门 ◆

连接母株的一侧留 2 厘米，另一侧剪短。剪短的一侧会长出花序。

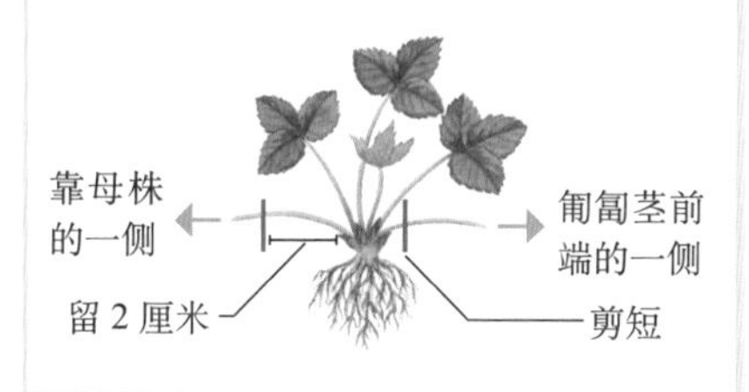

◆ 盆栽也可育苗 ◆

花盆中取出匍匐茎，将其直接接触到壶中的土壤就可长出子株。即使没有室外田块，阳台等处也可育苗。

5月

露地栽培中的草莓历经半年生长，迎来了收获期。为了防止鸟类、老鼠侵食草莓果实，需做好防护措施。整理四季草莓旺盛生长的叶、茎。

露地栽培的草莓迎来了收获期。成熟时酸甜可口，但其收获期短，所以可以开始适当采摘了。

露地栽培作业

收获及防止鸟害

开花35～45天后迎来收获期。果实变红，成熟后即可摘取。

这个时期植株的匍匐茎生长旺盛，营养繁殖会消耗能量。所以，这个时期收获的草莓比冬季收获的草莓糖分稍少，酸味较强。采摘下来的草莓不宜久放，要及时放入冰箱冷藏保存。

红色成熟的果实会成为布谷鸟的猎物。这时，可以用制作小拱棚时的支柱搭建防鸟网，提高防范。注意网眼不宜过小，要确保访花昆虫能飞进去。如果已经搭建

● 收获时的病虫害防治

在梅雨前等时节易感染白粉病。放置不管会侵染到整个植株。一旦发现要立即摘除。

用厨房水槽过滤网或旧丝袜套在果实上，可防止老鼠和蛞蝓。

● 搭建防鸟网

与搭建小拱棚的方法相同（详见50～51页）。为了防雨，可只在上部铺好塑料膜。支架在网布内，从顶端铺好网布。

为了能让访花昆虫进入网内，选择网眼大的网布是关键。

小拱棚，则不需要防鸟网。但在白天掀开塑料膜换气期间，注意不要让鸟类飞进棚内。除了鸟类，果实也易被老鼠侵食破坏。

四季草莓栽培作业

去除下部叶片及匍匐茎

迎来初夏，植株的叶、茎生长旺盛。要及时除去干枯的下部叶片，保持通风良好。匍匐茎的生长会影响果实吸收养分，要除去（详见60页）。

授粉

较早种植的植株在这个时期会长出花托。为了促使开花，根据需要实施人工授粉（如果在家中盆栽种植，必须实施人工授粉）。

6月

四季草莓栽培作业

收获及追肥

开花后30 ～ 40天迎来收获期。

与一季草莓相比，四季草莓没有明显的结果高峰期，边开花、边结果。在体验长期享受采摘果实乐趣的同时，不要忘记继续实行人工授粉和摘除匍匐茎。

第一次采摘结束后追加肥料。露地栽培时，每平方米土壤施加20 ～ 25克肥料。盆栽时每株需施缓释肥3 ～ 4克，在距离植株10 ～ 15厘米的位置施加。

四季草莓迎来收获期。

开花和结果可长时间持续，收获果实不是一次性的，在享受采摘乐趣的同时不要忘记整理匍匐茎和追肥。

● 盆栽追肥

盆栽追肥时，可以使用便利的小盆栽放置肥。如果使用液肥，2周喷洒1次。

● 叶、茎整理

生长出的匍匐茎要尽早摘除。

专栏

种植在田间外侧的燕麦。距离短缩茎10厘米附近割断，之后会生长出徒长枝。可割2次。

培育麦类作物

在草莓栽培中，稻草经常被用于防寒或保护果实，一般在家庭购物中心能买得到。如果能在田间自家种植麦类，把稻草用于草莓的栽培，是很经济实用的方法。

种植麦类，获利颇多

麦类是具有代表性的蚜虫天敌适生作物。种植在田间一角，可繁育蚜虫的天敌昆虫，防止蚜虫的靠近；此外，不同植株混植，可预防土壤病害。只要在家中田间外侧种植一排麦类，就能很好地发挥这些功效。

市面上常见的麦类品种有小麦、大麦、燕麦等，当麦类为青绿的状态可下翻锄至土里作肥料源和培肥土壤。

在日本关东平原地区，有些品种可以春、秋季播种。植株高50厘米左右时，即可收割。可用于覆盖土壤，如果不使用可干燥后储存起来。

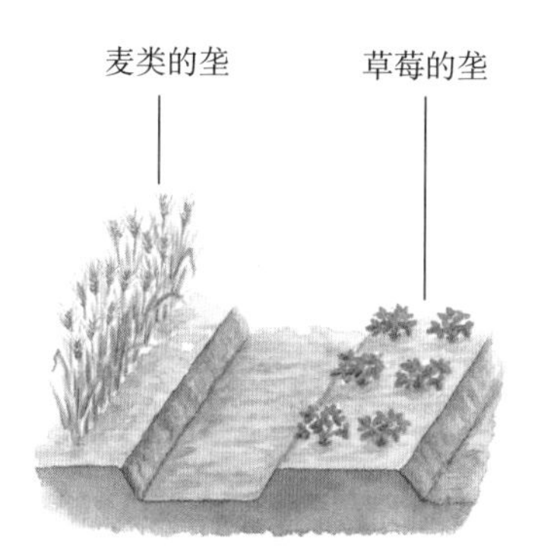

在田间的外侧种植麦类作物，不仅能作为麦秆使用，也可预防病虫害的发生。

7～8月

四季草莓持续开花结果。
北方地区栽培的品种怕热，
做好防暑工作，实现稳定结果。

四季草莓栽培作业

收获

8月上旬，花芽分化中断，坐果变差。盛夏期过后，温度下降趋于稳定时，开花、结果活动又能继续进行(在寒冷地区，有时在盛夏期开花、结果持续不断)。四季草莓与一季草莓相比，酸味较强，因此采摘时尽量挑取红色、熟透的果实。

但是，熟透的果实肉质较软，不宜久放，鲜食要尽早。四季草莓果实颗粒小，适合做草莓蛋糕、草莓酱。

越夏方法

草莓喜温凉气候，最佳生长温度约为20℃。温度超过35℃会引起发育不良，或影响花粉萌发率，产生畸形果。

7月，露地栽培的四季草莓迎来收获期。挑变红成熟的果实采摘。

盆栽种植的四季草莓。酸味较强，因此尽量在果实变红成熟后采摘。

常见越夏方法

与地面保持距离

为了缓解地面的放射热，用砖或木板垫在花盆下面。可改善花盆底部的通风。

搭帘子遮挡

在屋檐下或阳台种植盆栽时，可以靠暂时搭帘子来遮挡日光。从一天当中最热的时段上午 10 时到下午 3 时使用这个方法。

用寒冷纱遮盖

露地栽培时，架好支柱，把寒冷纱盖在支柱上。只要不是完全不透光，就不用考虑透光性。

所以除了寒冷地区和高原地区，需参照上图做好越夏防暑工作。

收获后的处理

收获果实后，可以让植株继续生长，到第二年也能继续结果。但果实的长势不如第一年好。也可以利用匍匐茎育苗。与一季草莓相比，四季草莓的匍匐茎生长没有那么旺盛，育苗的成功率不是那么高。在家庭种植中，一般是把收获结束的四季株苗扔掉，或翻入地里作肥，第二年再购买新苗。

专栏

第二年的轮作和土壤消毒

实行轮作耕种计划

种植完作物后的土壤中会混入收获果实时产生的茎、叶、根的残渣，也可能掺有杂草的种子或虫卵。这样的土壤引发病虫害的可能性增大，而且土壤中肥料成分、微生物群含量不均衡，不做处理直接使用，容易引起作物的连作障碍。

为了平衡土壤中的肥料成分、微生物群，通常在种植蔬菜时，实行轮作耕种。轮作时不要选择同科作物，而是换作不同科作物栽种。

果蔬中，草莓属于不易发生连作障碍的品种。轮作计划可调整为一年1次。如果想要同颗母株能连年结果，可以事先施加碳素丰富、碳氮比高的堆肥；也可把绿肥作物翻入土中，用来提高土壤肥力。

草莓与其他作物轮作范围非常广泛，各地可根据当地气候环境条件、种植结构和特点去探索更合理的轮作方式。草莓可以与水稻轮作，这种水旱轮作，可改良土壤结构，提高土壤肥力，减轻病虫害，是增加粮食产量与增加收入的有机结合。草莓与蔬菜、一些经济作物等均可进行轮作，但是，其中有些作物如番茄、马铃薯等，由于与草莓有共生病害，不宜与草莓轮作，在生产中应加以注意。

太阳热消毒的方法

为了预防土传病害，可采用消毒土壤的方法。如不施用农药，可选择热水消毒。也可以在梅雨季结束后到8月20日左右这段高温时期，利用太阳热来消毒土壤。

在田间种植时，首先在需要消毒的土壤中翻入堆肥。浇水，使土壤中含有充足的水分。其次，培垄15 ~ 20厘米，覆盖塑料膜。暴晒1个月后，揭开地膜，就可以种植了。

花盆、栽培箱使用的培养土也可用太阳热消毒。具体方法请参照72页。

● 田间的太阳热消毒

❶ 在需要消毒的土壤中翻入堆肥。如果消毒后翻入，易滋生病原菌，必须事先翻入。

❷ 浇水，使土壤中水分充足。如果是盛夏炎热天气，只需浇水。如果有可能持续阴天或冷夏，在水中掺入 2% 的酒精再使用。

❸ 培垄，使用能使地表温度上升的透明塑料膜覆盖。覆盖时使塑料膜与地表紧贴。在炎热的夏天，暴晒 2 ~ 3 周。

◆ 加入米糠效果更好 ◆

在数量有限的有机肥料中，米糠能为有益微生物提供营养，促进繁殖。在太阳热消毒前，每平方米土壤撒入约 1 千克的米糠，大量灌水后覆盖地膜。由于米糠富含营养，所以只适用于养分不足的土壤。

覆盖地膜必须选择透明的塑料膜。当地温上升到 50℃ 左右时，地表层 20 ~ 30 厘米寄生的病原菌会被消灭掉。

消毒结束后，不要翻动土层，直接撒种或定植。翻动土层容易把土壤下层的病原菌带上来，削减消毒的效果。

培养土的太阳热消毒

[简单的方法]

❶ 在透明的塑料袋内装入使用过的栽培土，一边倒入充足水分，一边搅拌均匀，最后把塑料袋口系紧。

❷ 把装好培养土的塑料袋均匀摊平在水泥地上。每隔一天，翻过来换另一面，在烈日下暴晒 4 ~ 5 天。使用时掺入苦土石灰或化肥、赤玉土或腐叶土。

[充分再生的方法]

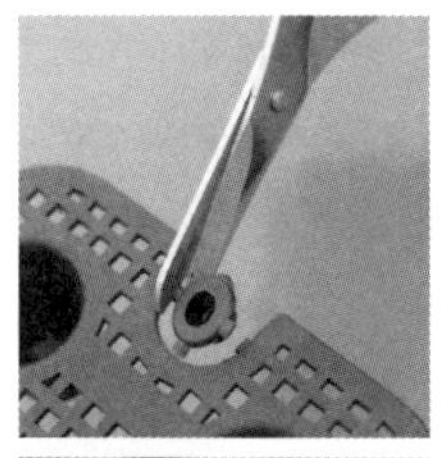

❶ 使用底部可塞胶塞的栽培箱。胶塞一般连在底部滤网上，取下即可使用。

❷ 为防水分流失，在底部塞好胶塞，放入使用过的栽培土。

❸ 完成以上步骤后，在梅雨季结束后（7 月 20 日左右）到 8 月 20 日之间的 1 个月内进行浇水。浇入充足的水，使水量达到栽培箱上沿。

❹ 覆盖透明塑料膜，在烈日下暴晒 2 ~ 3 天后，拔掉胶塞，过滤掉水分。❸和❹重复数次后，加入苦土石灰、化肥、赤玉土、腐叶土，混合搅拌后即可使用。

第4章

草莓的生长发育和管理技巧

花芽分化

草莓是顺应每个季节的气候条件，呈现明显不同生长阶段的植物。理解草莓的这种生长发育过程，对种植出美味的草莓是至关重要的。

叶芽、花芽生长点聚集的短缩茎。

在秋季种植的株苗上市的9月，所有草莓植株停止从短缩茎前端的芽（顶芽）长出新叶或茎。取而代之，会形成将来发育成花的花芽（把花芽形成的阶段叫做花芽分化），花芽逐渐发育。进入10月低温期后，植株进入自然休眠状态。

到了3月，随温度上升，开始长出新叶。4月，开花，花借助蜜蜂等昆虫的传粉、授精，果实逐渐形成、膨大。5月，果实变红成熟。开花结果期，匍匐茎生长，特别在收获期过后的夏季，生长尤为旺盛。

如上文所述，草莓植株按照“花芽分化→休眠→新叶的生长→开花→结果→匍匐茎的生长”，完成一年的生长周期（详见10页）。

那么，先来介绍花芽分化吧。

花芽分化是栽培中最重要的发育阶段之一。虽然现在成花诱导变得相对容易，但它依然是促成栽培的核心技术。

意大利蜜蜂给草莓授粉。

从花芽分化到花序分化

如第70页电子显微镜观察到的草莓顶芽图片所示，首先生长点出现形成叶片的组织（叶原基：LP）。9月，叶原基停止生长，包括茎端分生组织（AM）的生长点整体变肥厚，这是花芽分化的标志（图片B）。然后，进入花序分化期（图片C）。最后，花序内的花的组织开始形成（图片D是萼片形成期）。

花序分化期后，在温暖、长日照条件下，花芽逐渐发育。在促成栽培时，10月以后，搭建塑料大棚或温室，防止温度进一步降低，可促使开花。10月下旬开的花将在12月圣诞节迎来收获期。

一季草莓和四季草莓花芽分化的不同之处

能采用促成栽培这种种植方式的只有一季草莓。如前文所述，草莓分为一季草莓和四季草莓，两者种植方法不同在于花芽分化发生的条件不同。

一季草莓在9月温度和日照条件的影响下，进入花芽分化。温度12 ~ 26℃、10 ~ 13小时的日照时间，就可满足花芽分化的条件。

比如，9月25日东京的最高气温（5年内的平均值）为24.3℃、最低气温为18.5℃，日照时间为12小时。在这样的条件下，植株能自然进行花芽分化。

但是，四季草莓的花芽分化与日照长短无关，只要温度在15 ~ 30℃的范围内，就能进行花芽分化。而且具有日照长、花序数量增多的特点。所以只要在春季植苗，夏季到来之前就能不断开花、结果。

四季草莓能在一季草莓青黄不接的夏、秋季结果，因此，在夏季凉爽的北海道等地区，盛行栽培可夏秋收获的四季草莓品种。

另外，在炎热的盛夏，为促使四季草莓开花，可以采取用冷水直接接触短缩茎，只使短缩茎部分降温（局部降温）的方法，可种植出不输于一季草莓的优良果实。

草莓花芽分化的过程

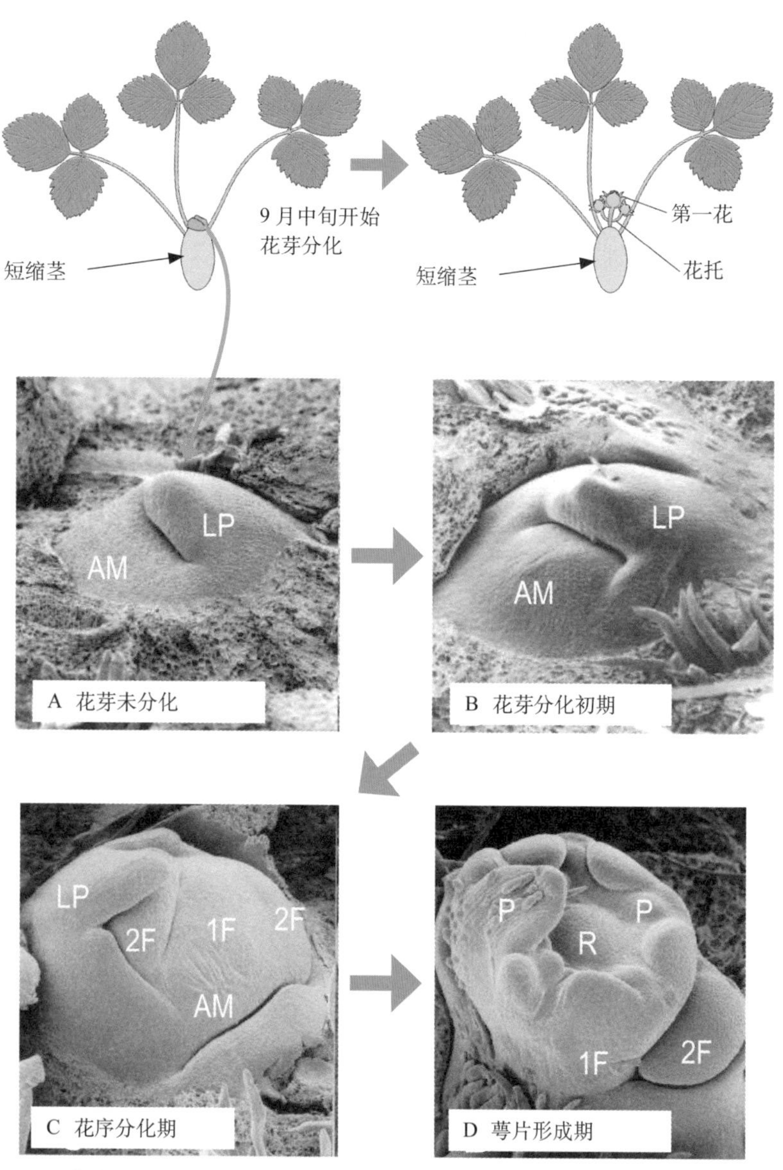

AM：茎端分生组织；LP：叶原基；1F：第一花（顶花）原基；
2F：第二花原基；P：萼片；R：花床

（吉田《图解园艺学》，2006）

休眠

进入10月低温期，植株会停止生长，进入自然休眠状态。休眠中的植株，叶柄变短，茎呈横向匍匐状态，生长发育停止。

草莓植株自然停止生长活动的“休眠”

11月至12月中旬，即使把植株移至适合生长的环境，也不会长出新叶，叶柄也不会变长。这是由草莓基因决定的自然休眠。这个时期的休眠叫作自然休眠（自发休眠）。

休眠中的植株抗寒性强，即使少量落霜也不必担心。

品种不同，自然休眠的时间也不同。休眠时间长的品种，休眠状态会持续到12月下旬。休眠时间短的品种（丰香、枥乙女等）适合促成栽培；相反，休眠时间长的品种（达纳、宝交早生等）适合露地栽培。

总之，在促成栽培中，选择休眠浅的品种，在进入自然休眠前的10月上旬，需要提高棚内温度，抑制植株进入休眠状态。通常，只要保持温度不低于8℃，草莓就不会进入休眠状态。因此，即使不用规模大的塑料大棚或温室栽培，家中的盆栽也可以实现促成栽培。

● 草莓的自然休眠

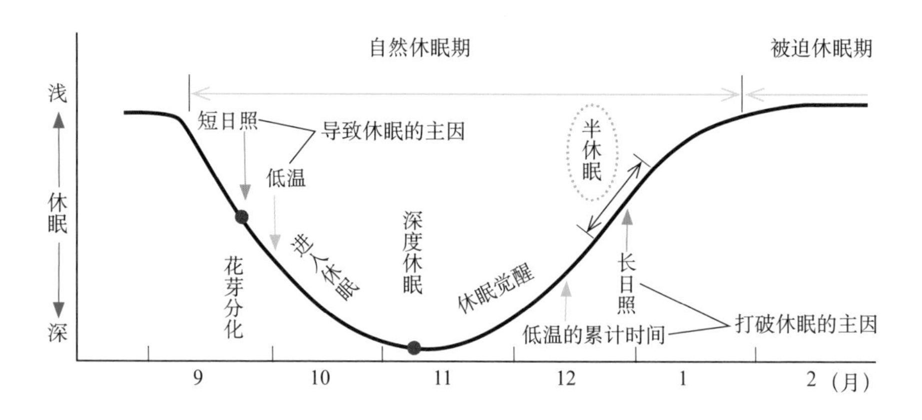

由环境引起的休眠

通常在3月之前茎、叶不会生长，即使自然休眠期结束，植株还是保持休眠的状态。这究竟是为什么呢？

那是因为自然休眠期即使结束，但还处在隆冬，由于气温过低，无法生长。也就是说，1 ～ 2月，植株并没有休眠，而是环境气温过低，被迫停止生长。

像这种由于外部环境引起的休眠叫作被迫休眠（多发休眠）。

被迫休眠中的植株处于等待变暖的状态中，只要提高温度，就能使植株结束休眠，继续生长，可比露地栽培提前1 ～ 2个月开花、结果。这就是所谓的半促成栽培。本书介绍的搭建小拱棚就属于半促成栽培。

另外，休眠浅的品种在暖冬有时会出现未长叶先开花，但不结果的情况。且到2月中旬都有寒流来袭的可能，因此要事先在2月上旬搭建小拱棚，做好防护措施。

开花和结果

很难形成第二花序

草莓的花或果实呈伞房状聚集，这个集合体叫作花序。

如前文所述，植株的短缩茎前端（茎端分生组织）会发生花芽分化。花芽和叶芽的形成具有一定规律。在9月低温、短日照的条件下，短缩茎前端形成花芽后，正下方的腋芽形成叶芽长出3 ～ 5片叶后，腋芽的前端形成花芽。如此反复，形成花序。最初形成的花序叫作第一花（果）序，第二次形成的花序叫作第二花（果）序。

通常，专业农户用促成栽培可收获到第三花序的果实。从11月至翌年6月，每株可结果50个以上。但腋芽能否形成花芽、花序，取决于植株所处的环境和自身的营养状态。家庭种植，可能会面临腋芽不形成花芽、花序；植株处在休眠状态；形成匍匐茎等各种问题。所以，家庭种植中，长期连续结果是很难实现的。

在家庭露地栽培中，只培育第一花序和第二花序。因为之后的腋芽会形成匍匐茎，不能实现连续结果，收获期短。

通过摘花防止“植株疲劳”

在促成栽培中，如果第一花序开过多的花或结过多的果实，不仅对植株本身造成负担，而且可能导致第二花序形成的延迟，甚至不形成第二花序，影响植株的连续结果。把这种不能连续结果收获的现象叫作“植株疲劳”，也叫作“中休”。引起这种现象发生的原因不只是第一花序花、果实数量过多，如果在12月至翌年1月间，田间温度管理不当，或过多的蚜虫、粉虱繁殖为害，都会引起“植株疲劳”。

在盆栽促成栽培中，第一花序的花、果实数最好保持在15个以内（详见45页），特别是花柄细小的花，长出的果实偏小，这时要摘除。这样处理可促进第二花序的形成。第二花序也不要勉强，花、果实数保持在7个左右正好。

● 盆栽时，为了防止“植株疲劳”，需控制花数和果实数

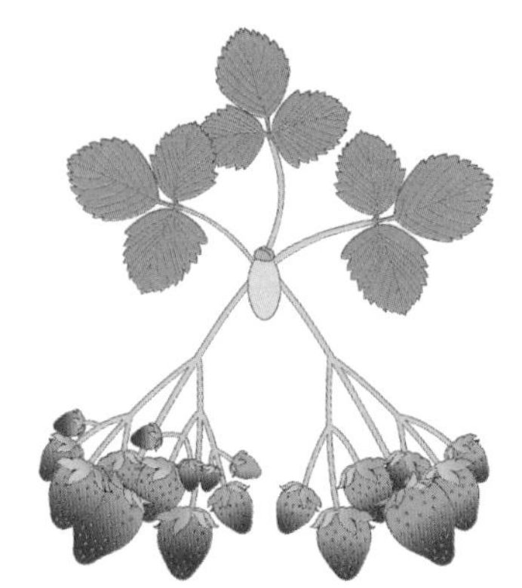

第一花（果）序花、果实数在15个以下。 第二花（果）序花、果实数在7个左右。

控制花、果实到第二花(果)序为止，从12月至翌年2月可连续收获果实。

● 草莓花序内花的着生位置和开花顺序（聚伞花序）

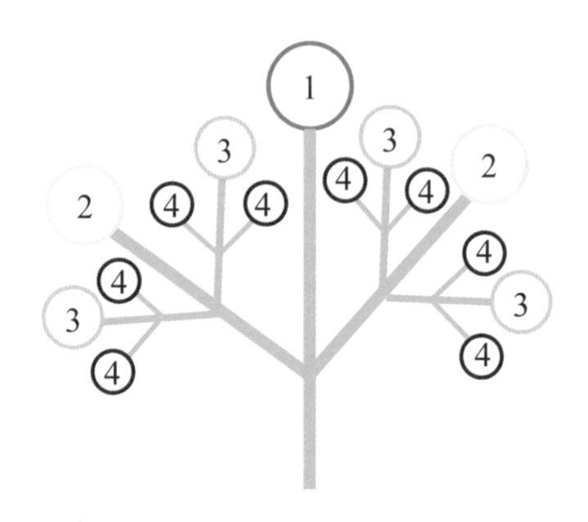

位于中心的花序轴（主轴）延伸，第一朵花（顶花“1”）形成。进而产生2个分枝花序轴（2），如图所示，以此类推。

草莓的花序属于聚伞花序的排列方式，每个花序的花数一般以2^n-1来表示。也就是说，花数具有规则性，呈1、3、7、15、31递增。在促成栽培中，一个花序的花数为7 ~ 31朵。

授粉的窍门和果实形成的过程

草莓果实是花柄前端的花托发育生长而成，花托表面是很多雌蕊附着的“聚合果”。雄蕊在开花一天前花药开裂，开花当天花粉飞散。雌蕊的寿命到开花后第七天左右，开花后4天内，雌蕊正常受精，就能发育成正常的果实。

一般情况下，授粉需借助蜜蜂等昆虫来进行。如果是家庭盆栽种植，需在开花4天之内用笔刷进行人工授粉。花粉在湿度低的条件下（60%以下）才会飞散，所以避开结露的清晨，在晴天中午进行。可以用棉棒测试确认花粉是否飞散，即用棉棒在花中心轻轻搅动，如果上面附着黄色粉末，说明花粉飞散状态良好。

雌蕊的柱头沾上花粉后，花粉萌发形成花粉管，花粉管从柱头进入子房内完成受精。受精后，伴随种子的发育，花托变大（详见93页）。1月，夜间温度偏低，开花后50 ~ 60天迎来收获期。5月，温度偏高，开花后35 ~ 45天迎来收获期。

果实在日照充足的白天是不生长的，到了夜晚才开始生长变大。如果环境湿度、温度高，会加快生长。

果实的生长方式非常重要。花托发育不良、授粉不充分都会形成畸形果；有的品种果实中心会形成空洞（空洞果）。

草莓果皮表面没有气孔，瘦果、萼片的表面有气孔的存在。它的数量虽然不及叶片多，但通过呼吸和光合作用，为果实的生长和糖分的蓄积提供了能量。

有的植株萼片前端会出现褐色，这是由于氮肥施用过多，或缺钙引起的。如果萼片不呈青绿色，结出的果实甜度低，这时就需要改善肥料的配制。

匍匐茎生长

草莓的茎是从春季开始生长，呈蔓状，也叫匍匐茎。茎的节接触土壤后，会生根，不断培育出子株。

匍匐茎的产生条件与花芽分化相反

一季草莓的匍匐茎在由春入夏，日照时间变长、温度升高的条件下生长。植株在茎的侧面有规则地生长叶，叶与匍匐茎之间形成腋芽。

匍匐茎的节上萌生叶和根。

腋芽萌发新叶与根，形成子株。如56 ～ 57页所介绍，草莓的育苗正是利用了匍匐茎这一性质。

在收获果实后，匍匐茎的生长格外旺盛，一植株选取5根匍匐茎用于子株培育的话，可以产出大量的株苗。种植专业户用一植株可以培育100株以上的子株，家庭种植，培育10 ～ 15株即可。

好苗的选择标准和种植的窍门

育苗时，最初取茎繁殖的植株叫作母株。从母株上长出的株苗叫作一代苗（第一匍匐茎），从一代苗生长出的株苗叫作二代苗（第二匍匐茎）。通常，一代苗比较粗壮，容易感染病害，并且由于花数过多，容易引起植株疲劳，结果也不是很好，一般不用于栽培。同时，特别弱小的株苗花数少，须根量也少，也不用做栽培苗。

最好选择短缩茎像铅笔或小手指粗细（6 ~ 10毫米）、3 ~ 5枚叶片着生的株苗。另外，须根量决定着果实的产量，应选择须根量多的株苗，注意拿取时不要破坏须根。

草莓的花朝向新茎生长的方向（详见57页“剪断匍匐茎的小窍门”），果实都生长在过道一侧，采摘时非常方便，所以在植苗时要利用好这一特性。

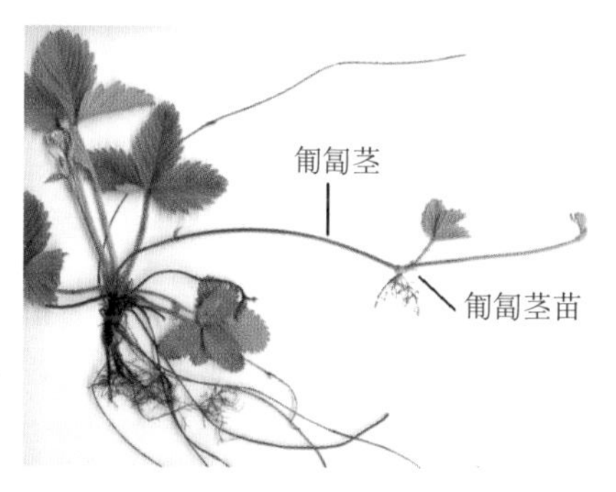

延展母株的匍匐茎繁殖育苗。

与栽培6个月的植株（左）相比，栽培18个月的植株（右）短缩茎变为3个，且老化、变黑的须根较多。

母株每3年更新一次

草莓属于多年生植物，可以每年用母株匍匐茎繁殖育苗，但母株的短缩茎会逐渐变得像生姜一样的形状，根的活性降低，黑根增多。母株使用时间越久，感染细菌性病害、炭疽病的风险会越大，所以有必要每3年更换一次母株。

比起一季品种，四季品种即使在长时间日照下，也很难长出健康的匍匐茎。因此，家庭种植中，很难操作，建议每年更换新苗种植。

适合种植草莓的土壤

植物靠根部吸收水分和养分。无论是蔬菜还是花卉，培土可以说是种植植物的基础。

草莓也可以用水培等无土栽培的方式种植。但是土壤中富含水分和养分，对于植物来说，土壤是最合适、最受欢迎的培养基。

仔细观察土壤就会发现，土壤是由潮湿、大小不一的颗粒组成。潮湿的土壤中含有水溶性养分，并且颗粒之间也有空气。

固体的土壤颗粒中含有沙石和黏土等无机物和生物残骸、腐殖质（微生物分解的高分子有机化合物的总称）等有机物，这种营养成分搭配合理、平衡的土壤就是好的土壤。

什么是渗水性好、排水性好的土壤

刚才讲到土壤中含有适当的水分和空气。也可以说，因为渗水性好、富含空气，所以排水性也好。这两种矛盾的特性共存是由土壤的团粒结构决定的。

一般用肉眼看到的大小不一的颗粒是由许多细小的粒子紧连在一起，形成的块状颗粒（团粒）。每一个团粒内，小粒子紧密贴在一起，保持水分的同时它们之间的缝隙可以透气。所以，好的土壤是既紧实又松软的状态。

聚集这些团粒靠的是土壤中的微生物。微生物把堆肥等含有的有机物分解，这些分解后的胶体物质像胶水一样把土壤中的小颗粒粘在一起形成团粒。含有团粒的土壤富含有机物和微生物，腐殖质多，颜色偏黑。

简单判断土性的方法

就像有句话说的那样，“种植草莓靠的是水和地力”，含有适度的水分、丰富的有机物，团粒结构发达的土壤适合栽种草莓。

土壤是否适合种植草莓，即使不用专业工具，也能简单做出判断。

首先是观察外观，观察土壤是否带黑色。腐殖质含量越多，越偏黑色。然后看土壤是否松软。松软度决定土壤中是否富含空气。

团粒结构

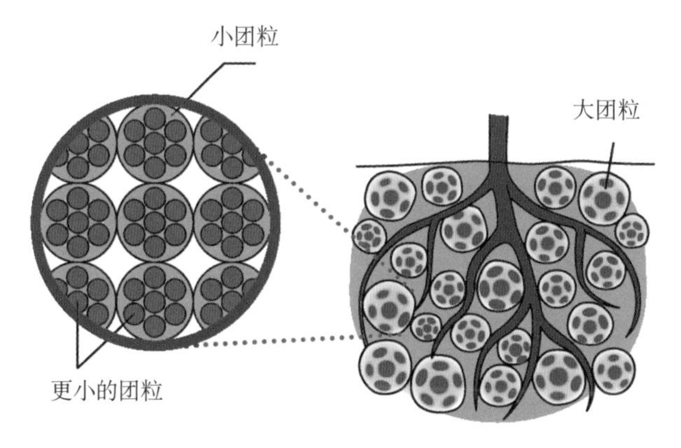

大团粒是由许多小团粒构成。小团粒由更小的团粒构成。

团粒间距离不同，作用也不同

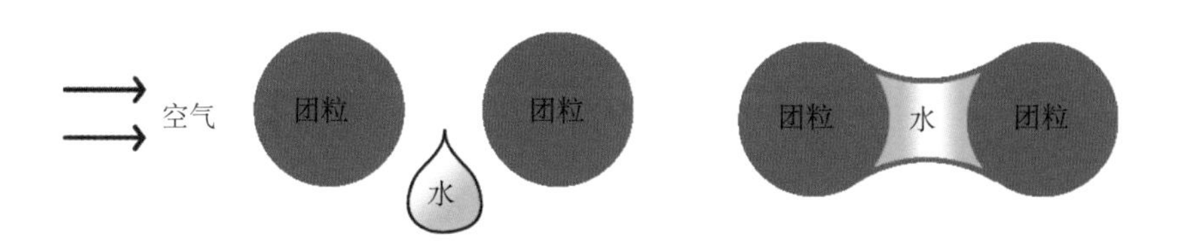

团粒间的缝隙大时，透气性好。　团粒间的缝隙小时，能存住水分。

构成土壤颗粒的沙石与黏土的比率叫作“土性”。土性不同，土壤的性质也大不相同。例如，沙石比例高的土壤一般透气性好、渗水性好，但保水性差。反之，黏土比例高的土壤，保水性好，但透气性、渗水性差。土性可分为5种类型，渗水性、排水性好的“壤土”一般适用于所有植物的种植。草莓最适合渗水性稍好的“黏壤土”。取少量的土壤放在拇指与食指之间，如果手感“滑而涩”就是壤土，如果“稍微滑”则是黏壤土。

● 轻松简单判定土性

土性	手指的触感	排水性	渗水性	保肥力
沙土		○	○	×
沙壤土	稍微涩	○	○	△
壤土	滑而涩	○	△	○
黏壤土	稍微滑	△	△	○
黏土	很滑	×	×	○

注：○表示好；×表示差；△表示一般。

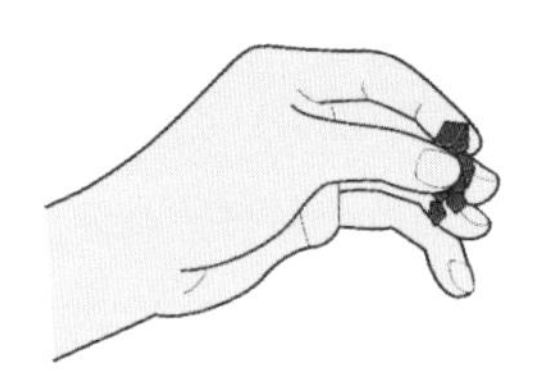

取一点土，放在拇指与食指之间揉搓，通过触感，大概能了解到5种土性的差别

● 观察外观判断土壤状态

潮湿松软的土壤排水性、透气性好，适合多种植物。

不带黑色、散乱的土壤贫瘠，易板结，保肥力差。

改善土质的关键

对于沙石含量多、松散没有形成团粒的土壤，可以把腐叶土、树皮等富含腐殖质的堆肥翻锄到土里，用1～2年时间可改善土质。

另外，对于黏土含量高、排水性差的土壤，可直接翻锄堆肥，或培20～30厘米的高垄，排水性差的问题就可得到改善。

市面上销售的盆栽用培养土已经被调配过，可以直接使用。

施肥管理

土壤对于栽种植物来说是最好的培养基。只调整好土壤的状态，并不能保证植物健康地生长。植物生长中不可或缺的营养成分，也就是肥料成分。

植物从根部必须吸收的养分（必需元素）有17种。其中，特别重要的氮（N）、磷（P）、钾（K）被称作“肥料三要素”。

氮是所有植物茎叶生长必不可少的成分，被称作“叶肥”，是最重要的养分。磷具有促进开花结果的作用，被称作“花肥、果肥”。钾是根生长不可或缺的成分，被称作“根肥”。无论种植哪种植物，在需要养分时，加入适量的养分，是施肥的根本。

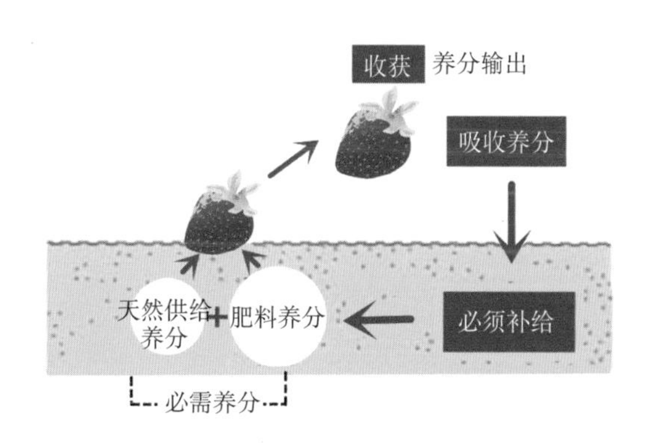

草莓的施肥以缓释肥为基础

施肥分为在播种和植苗前施入的基肥和生长期间施入的追肥两种。基本上收获前生长期超过2个月的植株都需要追肥。无论是一季草莓还是四季草莓，在露地栽培中，因种植期长达半年左右，都需要追肥。

另外，如果土壤中肥料成分的浓度过高，植株根部会被肥料烧坏，导致无法生长，所以要选择效果缓慢显现的肥料。肥料根据效果显现的不同，分为速效肥、缓释肥、迟效肥3种。

很多化肥都属于速效肥，它们可以在土壤中立刻溶解被根吸收，肥效显现快，但持续性差、失效速度也快。与之相反的是迟效肥，效果出现在施肥后0.5 ～ 1年，肥效持续，但植株不能马上吸收到养分。处在速效肥与迟效肥之间的是缓释肥，肥效可持续2个月左右。施加后，效果慢慢显现，可防止根部被烧坏。

● 不同类型的肥料，肥效有差别

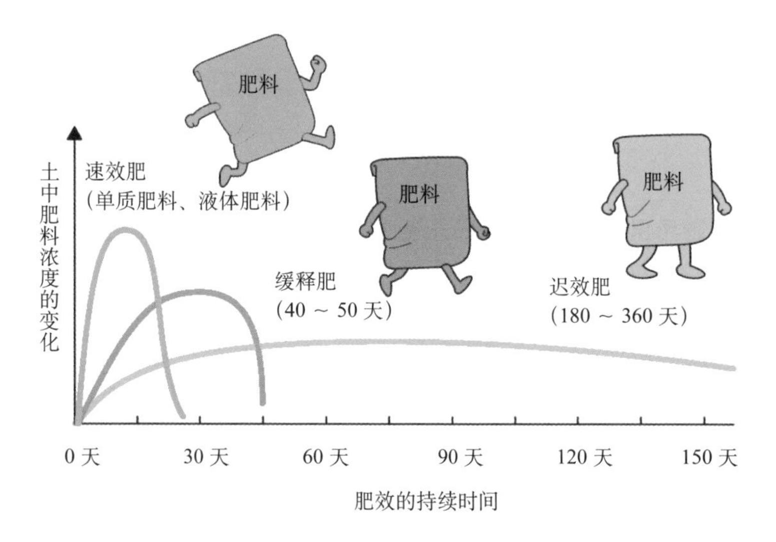

● 草莓经常施用的速效肥、缓释肥的比较

项目	速效肥	缓释肥
肥效	见效快、失效快	见效慢、效果逐渐显现，持续性强
适合土壤	黏壤土—壤土	黏壤土—沙土
用途	基肥、追肥	主要用于基肥，追肥也可
注意事项	一次施加过多，根部容易烧坏，导致植株死亡	有的种类不与速效肥配合使用，容易导致植株初期生长不良

在施加基肥时，可以把具有培土效果的完熟堆肥或其他有机肥与缓释肥混合施入。所谓缓释肥，有些是用树脂在化肥表面涂层或用IB等难溶于水的原料制成化肥。这些缓释肥均放在距离植株20厘米左右的位置。

施用速效肥时，在种植2周前，把化肥与土壤掺在一起搅拌均匀。

另外，市面上也能买到草莓栽培专用肥，不用自己调配，就能轻松方便地施肥。

追肥小窍门

种植后，通过追肥的方式补充不足的养分。需要注意的是休眠期结束后初春时期的追肥。在开花、结果前补充足够的养分，看似能结出美味的果实，实际并非如此。天气变暖后，叶、茎旺盛生长，施入过多的养分，会被转化为叶、茎生长的能量，并不会为果实储存养分。初春追肥不要过度（详见48页），开花结果期的追肥也要控制。

另外，家庭种植可用稀释300 ~ 500倍的液肥作为追肥，既方便又能兼顾到浇水。

以下介绍用纳豆制作纳豆芽孢肥料的方法。

◆ 用纳豆制作纳豆芽孢肥料 ◆

[材料]

2升的饮料瓶1个

米糠5千克

带盖的塑料桶1个

A ┌ 自来水1升、纳豆2粒（包装盒内的黏液溶于水也可）、干酵母5克
  └ 砂糖（或黑砂糖）40克、酸奶20克

[制作方法]

①把A的材料依次装入饮料瓶中，摇晃均匀。

②把①放置在光照好的地方（夏天需要一周左右）。为让产生的气体跑出，瓶盖不要拧紧。

③把发酵好的液体一点点加入装有米糠的塑料桶中，慢慢揉搓混合均匀。

④塑料桶盖好盖，放在暖和的地方，把底部米糠翻到表层，一天一次。闻到酒味时发酵完成。

采用发酵有机肥的方法，肥效缓和，适合草莓的种植。

常见病虫害及其防治

对于人类来说的美味，对于其他生物也是美味佳肴。草莓在生长过程中会受到很多病原菌、害虫的侵害。下面介绍草莓常见的病虫害。

常见病虫害

黄萎病

[症状] 新叶1～2片呈黄绿色，且极小，呈舟形卷缩。之后长出的叶片也出现这种症状。如果病发在母株上，匍匐茎的新叶也会被感染。

病原菌最适生长温度为28℃左右。感染原因：土壤感染病原菌，或者把轻度感染病原菌的植株作为母株，病原菌通过匍匐茎使子株患病。

[防治方法] 育苗时选择无病植株作为母株，并且每年更换。被确定感染病原菌的土壤要停止种植。感染过病原菌的土壤要进行太阳热消毒后再使用。

灰霉病

草莓果实易染病。果皮表面产生浓密的灰色霉层。

[症状] 寄生在土壤或有机物中的一种霉菌引起的病害。植株的地上部分会被侵害，尤其果实部分极易染病。果实发病时呈褐色，表面产生浓密的灰色霉层。

[防治方法] 露地栽培时，必须覆盖地膜，防止土壤中病原菌的侵染。

注意不要加入过量的氮肥，否则，草莓果实不仅会变软，茎叶的生长也过于茂盛。此外，发现发病果或发病叶要及时摘除，并于田外销毁。

白粉病

[**症状**] 多发生在叶片、叶柄、果实上，是由霉菌引起的一种病害。患病部位像覆盖一层白色粉状物，随着病情加重，整个植株被白色粉状物覆盖，光合作用被抑制，植株生长状况恶化。

这种霉菌在不下雨的“干梅雨”季节或初秋等凉爽、少雨、干燥的环境易滋生。在高温的盛夏，繁殖活动被抑制。该病是日光温室、塑料大棚、小拱棚栽培中常见病害。

[**防治方法**] 发病的叶、果实是很强的感染源，一旦发现患病应立即摘除，拿到田外处理掉。另外，植株间要保持适当的距离，摘叶（病叶、枯叶）时要仔细，为植株提供一个光照、通风好的生长环境。

叶片及果实被白色粉末覆盖。

炭疽病

[**症状**] 主要在叶片、叶柄、匍匐茎等植株局部表现的症状（病斑）。病斑是直径数毫米的黑色斑点，呈纺锤形或椭圆形，稍凹陷。当病斑扩大时，匍匐茎和叶片卷曲，前端部位枯萎。

病原菌的最适生长温度为28℃左右，喜高温。感染途径是被前一年患病的母株感染或土壤中残余病菌繁殖侵染。

[**防治方法**] 高温潮湿的环境易滋生病原菌。避免植株密植，适当摘除多余叶片。搭建避雨棚或小拱棚，尽量避雨栽培。另外，选择像宝交早生等抵抗力强的品种种植。

叶片出现黑色病斑，匍匐茎和叶柄也会出现病斑。

蛇眼病

［**症状**］主要为害叶片造成叶斑，大多发生在老叶上，病斑初期为暗紫红色小斑点，随后扩大成直径2～5毫米的圆斑，边缘紫红色，中心灰白色，略有细轮纹，酷似蛇眼，故而得名。病斑发生多时，常融合成大型斑。叶柄、果梗、嫩茎和浆果及种子也可能受害。病菌侵害浆果上的种子，单粒或连片侵害，被害种子连同周围果肉变成黑色。秋季和春季光照不足，天气阴湿发病重；重茬田、管理粗放且排水不良地块发病重。

叶片和果实上有蛇眼状病斑。

［**防治方法**］采收后及时清洁田园，摘除并收集被害叶片，将其烧毁；定植时淘汰病苗。发病初期可喷施50%琥胶肥酸铜可湿性粉剂500倍液、30%碱式硫酸铜悬浮剂400倍液、14%络氨铜水剂300倍液等。

连作障碍

［**症状**］同一种作物连续在同一地块种植，在第二个生长季以后，作物便发生生长发育不良、病害加重，导致产量和品质严重下降的现象称为连作障碍。草莓连作障碍主要表现在株高下降，叶片数减少，现蕾、开花等主要生育期均明显滞后，地上部分出现黄化、萎蔫及枯萎等症状。

连作障碍导致草莓发生黑根腐烂，被害根呈黑色或棕褐色，由外至内腐烂。

［**防治方法**］草莓与其他农作物进行合理轮作倒茬栽植，提倡后茬种植禾本科作物或十字花科蔬菜作物。

红心根腐病

根部腐烂，根切面中心柱变成橙色。

［**症状**］又称红中柱根腐病，是一种重要的土壤病害，可导致幼根根尖腐烂，根切面中心柱变成橙色或者褐色。定植后在新生的不定根上症状最明显，发病初期不定根的中间部位表皮坏死，形成1 ~ 5厘米长红褐色至黑褐色梭形长斑，病部不凹陷，病健部分界明显。严重时可扩展到根颈，植株枯萎死亡而且病株容易被拔起。

病菌通过病土和病苗传播。地温高于25℃则不发病，一般春秋多雨年份易发病，低洼地排水不良或大水漫灌地块发病重。

［**防治方法**］采用无病地块育苗。育苗地块或者生产地块应进行土壤处理，主要通过施用未经腐熟的有机肥、粉碎秸秆和石灰氮结合太阳能高温消毒的方法。采用高畦或起垄栽培，尽可能覆盖地膜，有利于提高地温减少发病。严禁大水漫灌。

病毒病

［**症状**］草莓侵染单一病毒，往往症状不明显而难以看出，当被复合侵染后，主要表现为长势衰弱、退化，新叶展开不充分，叶片小型化、失绿变黄、皱缩、扭曲，植株矮化，坐果少、果型小、产量低。

［**防治方法**］应用草莓脱毒苗是防除草莓主要病毒病最有效也是最根本的办法。同时，蚜虫是草莓病毒病的主要传播媒介，做好对蚜虫的防治可以有效切断传播途径。另外，确定合理的种植密度，在田间作业时，尽量减少机械损伤，在去除病虫叶和老叶时，不能用手直接掐除，应贴近叶柄基部轻轻摘除。

叶片皱缩。

蚜虫

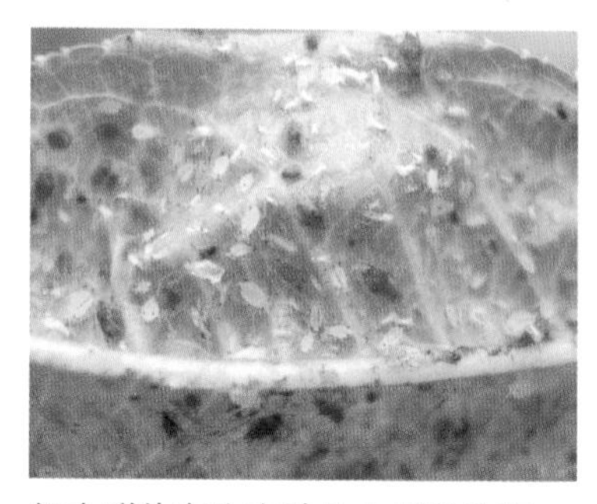
蚜虫群体寄生在叶片上刺吸为害。

[为害状] 体长1～4毫米，与盲蝽均属半翅目，在日本生存的种类有700种以上。在花蕾、叶片、匍匐茎上群体寄生，吸取汁液，阻碍植株生长。同时也是传播病毒病的很棘手的害虫。

[防治方法] 覆盖银色塑料膜（详见55页），或种植麦类植物，繁育天敌昆虫，防止蚜虫靠近（61页）。注意通风，不要施过量的氮肥。

螨

[为害状] 体长约0.5毫米的小虫，与蜘蛛同纲。主要寄生在叶片内侧。病害叶片先出现白色小斑点，逐渐扩散，叶片失绿，导致植株光合作用无法进行。喜高温干燥的环境，多发生在梅雨结束后到9月。

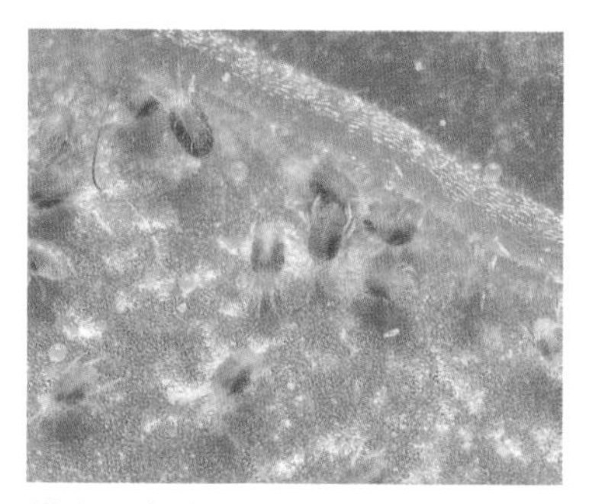
螨类为害叶片出现白色小斑点。

[防治方法] 螨类怕水。参考53页介绍的方法，用水管加压喷灌，可抑制螨类的生长繁殖。另外，用稻草盖土，防止地面干燥。豆科作物、葫芦科作物易繁殖螨类，种植草莓时，要远离这些作物。

金龟子

[为害状] 白色或乳白色的幼虫啃食根部。植株地上部分生长状态恶化，有时会给植株带来毁灭性的灾难。成虫是带有硬壳的甲虫，侵食花蕾、叶片。

金龟子幼虫在土壤中啃食根部。

[防治方法] 日落后，成虫飞来，会在未腐熟有机物含量多的土壤中产卵。要控制诱使成虫产卵的未腐熟有机物的使用。发现成虫应立即捕杀。如果是频发成虫产卵的土壤，种植时，在土壤中混合通过认证的药剂即可。

蛞蝓

[为害状] 喜多湿环境。梅雨时节或多雨时节多发。背部带有两条纹的外来物种（蛞蝓*Limax valontianus*）的侵害多发。被侵害的果实有空洞，蛞蝓爬过的地方留下带有光泽的痕迹。

[防治方法] 蛞蝓喜湿。盆栽种植时，把果实套上旧的丝袜，可起到保护作用（详见59页）。受害严重可使用诱杀剂。

被蛞蝓侵食，留有空洞的草莓。

病虫害综合防治

光有病原菌、害虫的存在，并不能导致植株患病。病虫害的存在（主因）当然是患病的原因之一，但同时也受植物自身性质或状态（副因）、病虫害繁殖环境（诱因）的影响。这三个条件同时具备时，植株才会患病。

对于控制病虫害发生，可选择驱赶病虫害等物理防治方法；也可以针对某种病害，选择抵抗力强的品种；或者通过调整干、湿度等管理，抑制病虫害的繁衍。在防治病虫害时，不要光想喷洒药剂的方法，难得自家种植，还是希望能收获安全放心的草莓吧。

● **病虫害发生的3个条件**

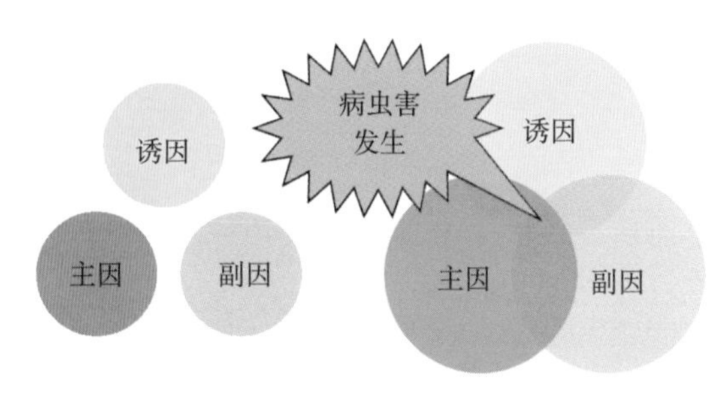

各因素变小没有重叠时，不会发生病虫害。

各因素变大有重合部分，病虫害发生。

什么是脱毒苗

草莓病毒[草莓斑驳病毒（SMoV）、草莓轻型黄边病毒（SMYEV）、草莓镶脉病毒（SVBV）]复合感染后，主要表现为长势减退、生产力低下。一旦感染病毒病，没有治疗的方法，只能摘除。

从1975年开始应用培养无病毒生长点的方法得到脱毒苗。脱毒苗与非脱毒苗相比，产量增收20% ~ 40%。

草莓可以通过母株匍匐茎育苗。但在育苗的过程中很容易感染病毒。真正的育苗中，采取严格的管控方法。在日光温室、塑料大棚外侧铺上纱布，防止携带病毒的蚜虫飞入，同时使用被称作隔离床的栽培床培育脱毒苗，增殖子株。绝大多数生产者都会购买脱毒苗作为育苗的母株。

脱毒苗生长发育旺盛、多产，果实品质高。最近市场出现面向一般家庭种植、包装上写着“脱毒”字样的草莓植株苗。

● **脱毒苗的栽培过程**

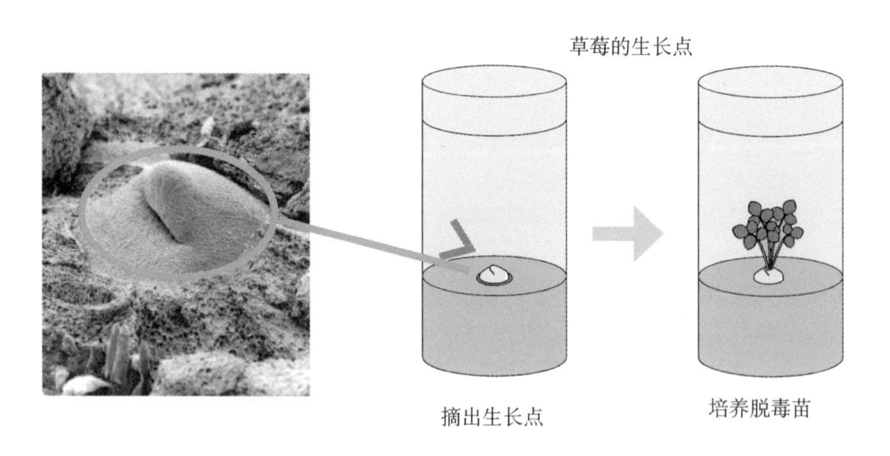

第5章

越学越有趣的草莓小知识

草莓的种子在哪里

草莓的种子在小颗粒里

● **雌蕊的放大图**

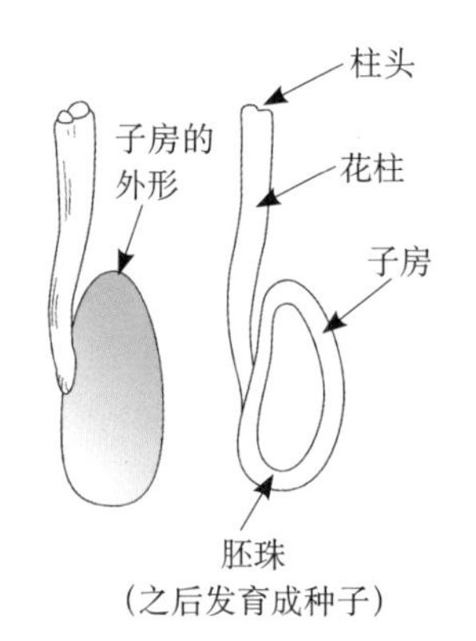

西瓜的种子是果实内的黑色小颗粒。另外，像桃、梨、葡萄、番茄、青椒等，几乎所有植物的种子都在果实内。种子吸收养分发育，最后繁衍后代，是植物最重要的部分，所以有果皮或果肉保护。

但是，草莓种子在果实的外侧，在表皮上的一个个小颗粒中。这一个个小颗粒就是包裹种子的子房。

从形态学上说，是除了花萼、花瓣、雄蕊，只剩下子房状态的“花”，在表面密集。

草莓由小果实积聚而成

草莓花的中心部附着200 ~ 300枚“花（雌蕊）”（详见3页）。如上图所示，雌蕊先从子房中生长出花柱，花柱是结果后果实表面看起来像小茸毛的部分。花柱尖端的柱头经蜜蜂等访花昆虫的传粉，受精后开花结果。

可是，草莓的子房壁（种子外侧的果肉）不发育，种子表面包裹一层干瘪的果肉。像桃、葡萄等水果的果肉最后可发育成可食部分，草莓的果肉不发育，种子凸显出来。把这种果肉不发育的果实叫作“瘦果”。

也就是说，草莓受精后，表面附着200 ~ 350个真正的果实。像这样一个“果实”上面附着许多小的“果实”的集合体叫作聚合果。

果实膨大·成熟的过程

草莓开花、授粉。

花托膨大，花柱看起来像茸毛。

子房逐渐膨大，种子形成。

种子逐渐成熟、变红。

花托变红即可食用。

我们吃的草莓是假果实？

另外，附着雌蕊的圆锥形部分是由茎（花柄、花轴）前端的花托发育而成。

像桃等水果的果实是由子房壁膨大发育而成，叫作真果。而草莓的果实是由花托膨大发育而成，子房壁不发育，所以叫作假果。

许多植物的种子都包裹在果肉里，而草莓则是在茎前端的花托的表面附着许多果实，是一种少见的植物。

草莓能用种子栽培吗

草莓也可播种栽培

草莓的种子。

草莓是由培育种子的“种子繁殖”和培育母株匍匐茎育苗的“营养繁殖”两种方式来繁殖后代。所以，草莓原本就可以通过种子来繁殖。

上文说过，草莓的种子藏在果实表面的一个个小颗粒中，子房由白变黑是种子成熟的标志。

可用镊子取下种子。如果想大量取种，可像削梨皮一样，用小刀削下草莓的果皮，粘在报纸上，放到室内晾干。等果肉干燥后，可以明显看到一粒粒种子，用手指轻轻一拨，种子和报纸即可剥离。

撒种时，由于草莓种子的直径非常小，把种子撒在土壤表面，不用覆土。这是因为草莓种子发芽需要光照，把带有这种性质的种子叫作需光发芽种子。

撒种几天后，种子发芽，长出子叶、真叶，形成草莓植株。种子繁殖需4月撒种，9月是最佳植苗时期，与匍匐茎育苗是同一时期。

种子繁殖多用于品种改良

那么，为什么农业生产不采用种子育苗呢？那是因为一般种子需经受精才能形成，属于有性生殖。每粒种子的基因不同，生长出的植株的特性也不同。

另外，匍匐茎育苗是不伴随受精的无性生殖的繁殖方法，因此可以培育出与母株基因相同的株苗。

种子繁殖一般用于品种改良。例如红颜是以大果、多次收获的章姬为母本，果实紧实的幸香为父本杂交而成，并于2002年7月通过新品种登记。

● **种子育苗的过程**

摘取成熟的果实取种。

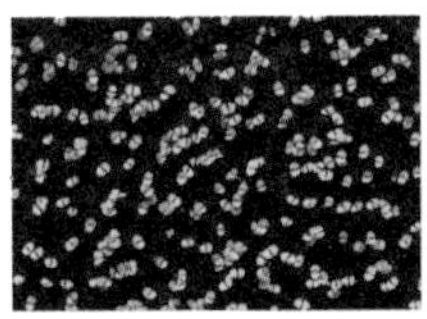

撒种，几天后发芽（4月26日）。

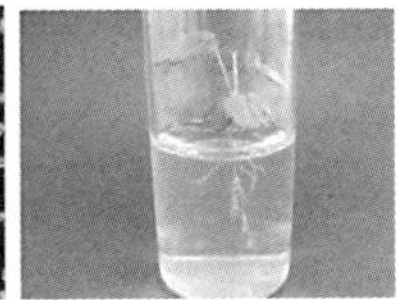

在培养液中发芽的种子。

长大后，放入育苗盘中育苗(8月26日)。

长出3～5片叶是种植的最适期（9月26日）。

种子育苗也有优势

在世界范围，种子育苗主要用于夏秋收获栽培的四季草莓。但是，近年来，日本以三重县农业研究所、千叶县农林综合研究中心为主，也开始用种子繁殖开发草莓新品种。

种子育苗抗病毒能力强，比匍匐茎育苗作业简单方便。

什么时节的草莓最美味

不应季的草莓好吃吗

近年来，由于促成栽培的普及，草莓（一季品种）主要的上市期在12月至翌年5月。特别是在每年消费高峰期的圣诞节前，在超市等零售店都可以看到。

草莓的应季期本来在5 ~ 6月，但现在的消费高峰期在12月至翌年1月，之后逐渐转为淡季。哈密瓜、西瓜、樱桃、柑橘等其他水果的上市是草莓逐渐下架的原因之一，但最主要的原因是冬季草莓要比应季草莓好吃。

那么，为什么冬季草莓更好吃呢？

冬季草莓甜，肉质紧实

草莓开花授粉受精后，花托膨大，果实呈现本品种固有色泽后，迎来收获期。在成熟过程中，糖度、花青苷含量、维生素C含量增加，酸度降低(见下页图)。

根据这些性质，把1 ~ 2月和4 ~ 5月收获的草莓的糖度、酸度、硬度进行比较（见下页表）。

1 ~ 2月收获的果实在12月低温下生长，从开花到结果有60天之久。因为成熟期长，所以糖度高、酸度偏低，很甜。而且果肉紧实，富含维生素C。

此外，4 ~ 5月收获的果实在从开花到结果短短的35天里，果实表面蓄积花青苷。所以外观看起来成熟了，但糖度不够，味道偏酸。

由于这个时节的高温，果肉易变软。果实的硬度在运输上及口感方面都是重要的参考因素。近年来，消费者的喜好偏向于西瓜、苹果、柿子等口感松脆的水果。对草莓硬度的需求也不例外。特别是以年轻人为主，好像偏好口感稍硬的草莓。

不同成熟度草莓的营养成分及硬度的变化

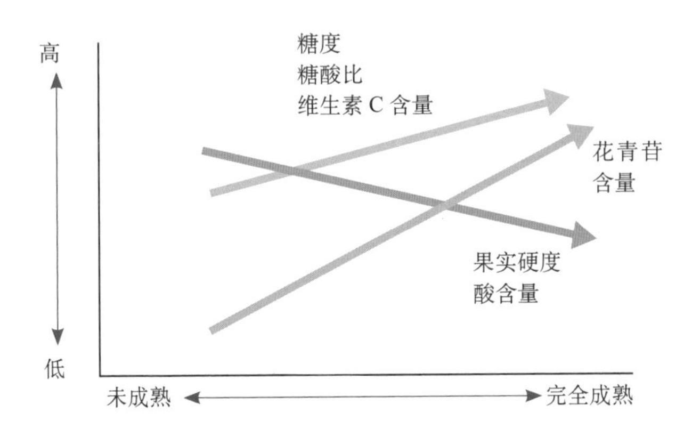

不同收获期草莓的营养成分、硬度的比较

项　目	促成栽培 （1 ～ 2月收获）	促成栽培 （4 ～ 5月收获）
糖度	高	偏低
酸度	偏低	高
糖酸比	大	小
维生素C	高	偏低
果实硬度	大	小
从开花到收获的天数	长	短

因此，从果实品质方面比较，冬季收获的草莓要比应季草莓好吃。日本人从感情上不想失去应季的美味，但由于品种改良和栽培技术的发展，在淡季也能吃到美味的草莓，这也可以说是日本技术引以为傲的一点。

品尝草莓的小窍门

不同部位的果实成熟度

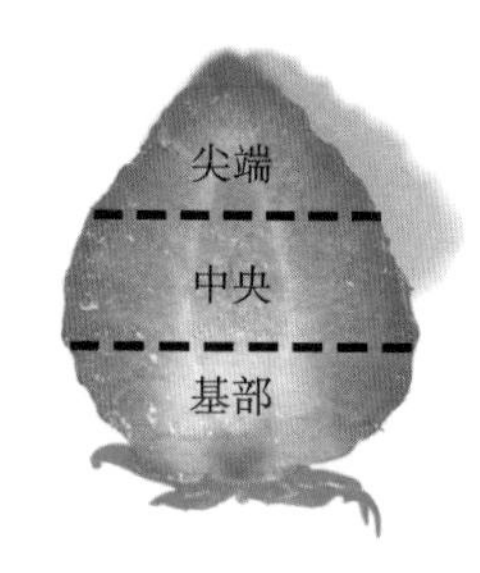

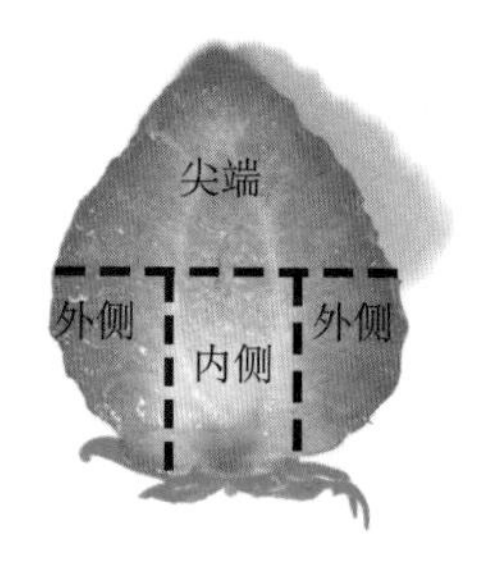

部位 丰香	每100克可食部分糖含量（毫克）
尖端	74.8
中央	63.8
基部	49.4

部位 枥乙女	每 100 克可食部分糖含量（毫克）	每 100 克可食部分有机酸含量（毫克）
尖端	86.7	9.4
外侧	60.6	8.6
内侧	57.8	4.1

让甜度倍增的吃法

草莓的很多品种先在果实尖端产生花青苷，从尖端到基部逐渐着色变红成熟。从变红的部分开始成熟，从尖端部分向基部的方向逐渐变软，蓄积糖分。所以，成熟草莓的含糖量，尖端多，基部少。如果把基部分为外侧和内侧，外侧偏酸，内侧较甜。

如果测定糖含量和有机酸含量，就会发现基部外侧和内侧的糖含量相差不大。但有机酸含量外侧比内侧高。因此，糖酸比值大的内侧相对较甜。

如果想更好地体验草莓的美味，可以去掉基部的大部分。或者用稍粗的吸管从尖端穿入内侧（花蕊的部分），挖空内侧、去蒂，尽量把味道淡的部分去除。

● 草莓的美味吃法

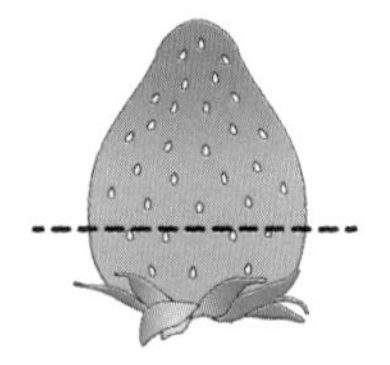

切除基部，从中央开始吃。

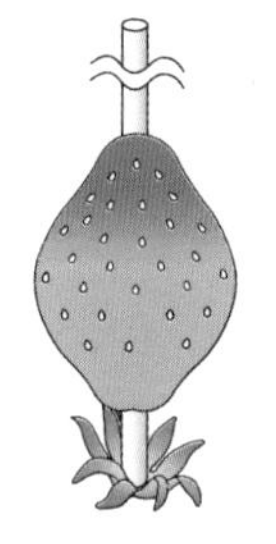

从尖端插入吸管，挖空内侧。蒂也容易去除。

鲜食草莓的保存方法

采摘下的草莓如果放置不管，果实品质会下降，如果实表面会变黑、果肉变软、糖度降低等。特别是蒸发量大的干燥条件、植物呼吸速率加大的高温条件，以及运输时的颠簸等原因都会使草莓品质下降。

把采摘下来的草莓马上放入冰箱冷藏（5℃），可控制品质的下降。

放入冰箱的时候，用保鲜膜或塑料袋封好包装盒，防止水分蒸发。如果包装盒内双层存放，可能会因为挤压导致果实表皮破损而变质，所以最好单层存放。

如果要水洗草莓，用纸巾擦干后再冷藏保存，以防发霉腐烂。

另外，采摘时留出2厘米果柄可保鲜，抑制品质下降。注意果柄不要碰伤相邻果实。

● 采摘时留着果柄

留下 2 厘米果柄保持新鲜。

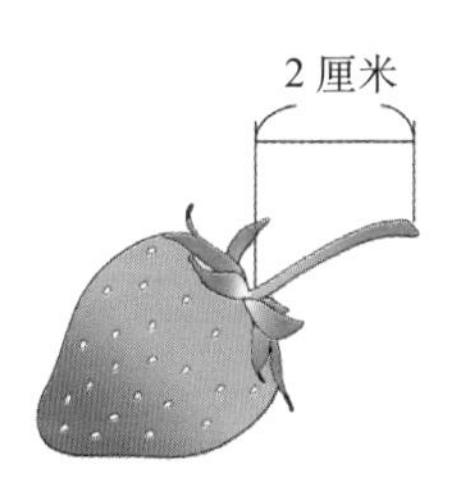

果柄过短。

草莓富含什么营养

● 含有比柑橘还要丰富的维生素C

草莓果实含有丰富的维生素C。

● 主要果实的维生素C含量

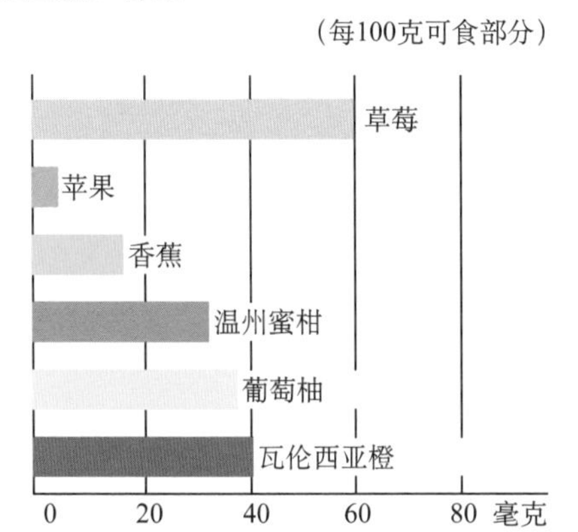

草莓品种不同维生素含量也不同。据曾根（1999）的调查，291个草莓品种的可食部分，每100克草莓可食部分维生素C的含量为15.9～114.8毫克，平均含量为59.1毫克。这个含量是等量柑橘的近2倍，梨、苹果的近20倍。

比如宝交早生每100克可食部分的维生素C含量为88.3毫克，可与富含维生素C闻名的柠檬（含量90毫克）匹敌。

人体不能自行制造维生素C，必须从食物中获取。维生素C有助于连接各个细胞的骨胶原等蛋白质的合成，具有美肤的功效。如果摄取不足，会导致皮肤干燥、头发干枯。众所周知，维生素C对美容来说是不可或缺的。同时，维生素C也具有强化血管或黏膜、预防胆固醇的增加、抗衰老、预防动脉硬化的作用。

但维生素C怕热，做成果酱会损失1/6的量。如果从草莓中摄取维生素C，最好鲜食，既方便又不失效果。

同时也富含叶酸

草莓也含有丰富的叶酸（每100克可食部分含90微克）。叶酸是从菠菜中发现的营养素，与维生素B_1、维生素B_2同属B族维生素。

叶酸与维生素B_{12}参与红细胞的合成，适当补充能降低患血液循环疾病（贫血等）的风险。并且，据近几年研究发现，叶酸还具有预防认知症的效果。

主要果实的叶酸含量

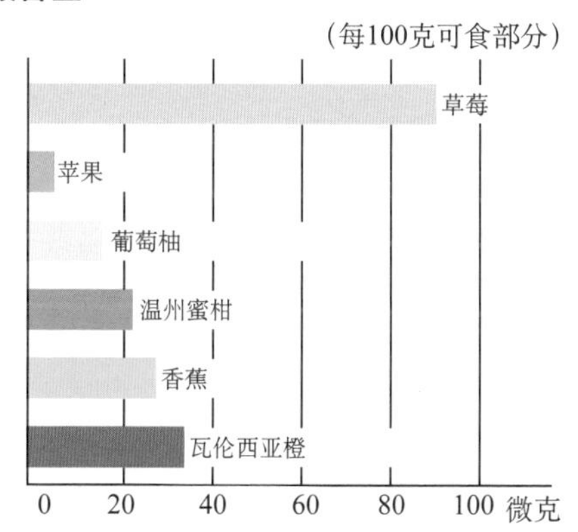

低热量且食物纤维丰富

草莓的热量平均值为每100克可食部分145焦耳，与苹果、葡萄、柿子相比，热量较低。另外，食物纤维的果胶含量高，与苹果果胶含量相同，很适合减肥时食用。

如上所述，草莓不仅有美肤功效，还能预防胆固醇上升、动脉硬化、贫血、认知症的发生，是保持美丽和健康的理想食材。

主要果实的食物纤维含量

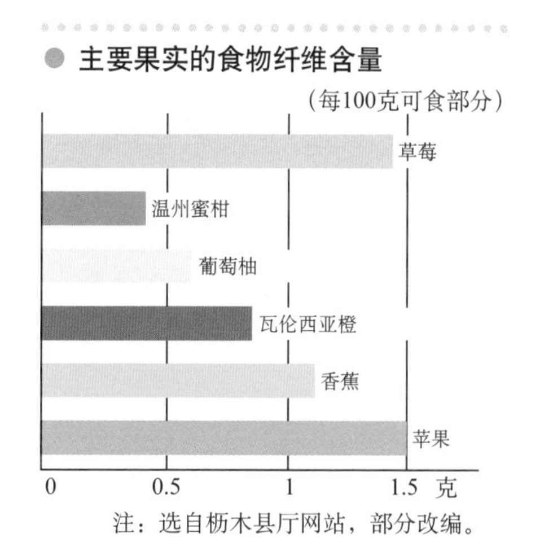

注：选自栃木县厅网站，部分改编。

草莓如何加工

比起新鲜草莓，冷冻草莓更容易加工

说起草莓的加工方法，不得不提的是草莓酱。选择酸味强、小颗粒的露地栽培的草莓或四季草莓做原料，制作的草莓酱更加酸甜可口。

不为人知的是制作草莓酱最好使用冷冻草莓。草莓解冻时，细胞膜破裂，易出汁，成品比新鲜草莓滑腻。从春季到夏季高温期收获的草莓不宜久放，可冷冻起来长期保存，也可做草莓酱，一举两得。

为了解冻后能立即加工，把采摘下的草莓用水洗净、去蒂，除去果皮上的水分后，装入冷冻袋冷冻即可。

● 适合加工的冷冻草莓

冷冻草莓加热后易变形，宜加工成果酱、果汁等。

[长期保存的小窍门]

趁热装瓶是保存草莓酱的原则。把瓶子塞满草莓酱，封盖，迅速倒立放置，自然冷却，这样瓶内就接近真空状态了。封闭状态的草莓酱在常温下可保存1年。开封后放入冰箱冷藏，尽量在3周内吃完。

虽然在制作草莓酱时，新鲜草莓不如冷冻草莓易变形，但却能品尝到新鲜的果粒。根据自己喜好，体验制作草莓酱的乐趣吧。

● 制作草莓酱的窍门

当草莓酱变得有光泽、浓稠时，即可关火，趁热立即装瓶。草莓酱冷却后会呈凝胶状，不仅难以装瓶，保存价值也会降低。

草莓酱的制作方法

[材料]（可随意调整比例）

冷冻草莓 600克

精制白砂糖450克

柠檬汁 一大勺

[制作方法]

①把冷冻草莓放入锅中，加入一半精制白砂糖，放置1 ~ 2小时。

②草莓解冻，在糖分的渗透作用下出水后，开火。由小火到中火慢慢加热。

③沸腾后煮5分钟，去涩味。草莓变白变软后，加入剩下的精制白砂糖，加热5分钟左右熬干。

④关火，放置10 ~ 15分钟，用余热使糖分渗透。

⑤再次开火，煮沸后加入柠檬汁，稍微黏稠后关火，趁热把草莓装入沸水消毒过的瓶中。

⑥等到第二天果酱呈凝固状，即可品尝。

草莓现代栽培法

从草莓石垣促成栽培到水培法

说起以前草莓的栽培方式，石垣促成栽培是主流。在堆积好的卵石的缝隙中植苗，利用辐射热让植株旺盛生长，比普通栽培法提前收获。静冈县的久能石垣草莓历来已久，即使现在也能体验采摘石垣草莓的乐趣。

之后发展的是液体栽培，以在培养液中育根的水培法为代表，还有以石棉、椰子壳、泥炭等作为固体基质的基质栽培，以及将培养液喷洒在植株根系上的喷雾栽培。

水培法主要有在栽培床中注入培养液的深液流水栽培，以及把培养液流动在特殊膜上栽培的NFT（营养液膜栽培）等方法。

向大规模的设施栽培发展

NFT以千叶县为中心，在20世纪80年代开始普及发展。该方法是把种植槽架在高处，且与水平呈4.5°角，以保证培养液流动的“高架栽培”技术。这种栽培技术使收获果实变得容易，生产者的劳动强度减轻，同时也扩大了栽培面积。

但是，由于NFT技术中培养液的温度易变动，因此，与椰子壳、泥炭等固体基质栽培配合，发展成了大规模的草莓设施栽培。另外，培养液的施加不再使用塑料膜，而是改为通过软管分离过滤的方式。

高架固体基质栽培技术在日本东部发生大地震后被宫城县采用，作为复兴支援的农业技术，受到广泛关注。

植物工厂的全年栽培

为了满足消费者全年食用草莓的需求，栽培方法不断创新。其中，植物工厂的出现就满足了草莓的全年供应。

草莓植株在15℃以下的环境下，不受日照时间的影响，就能进行花芽分化。25℃以下，缩短日照时间就能使花芽分化。所以，保持温度在15～25℃，10小时照明就能使植株连续开花结果。

用植物工厂栽培的草莓，可全年收获（图片 / 第一实业株式会社）。

石垣促成栽培。

可有效利用空间的双层高架栽培。

植物工厂的人工光源使用的是荧光灯或LED灯，与太阳光相比，不是那么强。草莓的生长不需要强光，人工光源很适用于草莓的种植。

在LED灯的红、蓝、绿的光源下，叶片的光合作用速度不同。现在采用的方法是调配3种颜色直至最适合草莓生长。

图书在版编目（CIP）数据

图说草莓整形修剪与12月栽培管理/（日）荻原勋著；新锐园艺工作室组译．—北京：中国农业出版社，2019.10（2024.2重印）

（园艺大师系列）

ISBN 978-7-109-25688-0

Ⅰ．①图… Ⅱ．①荻… ②新… Ⅲ．①草莓－果树园艺 Ⅳ．①S668.4

中国版本图书馆CIP数据核字（2019）第142993号

合同登记号：图字01-2018-8285号

中国农业出版社出版

地址：北京市朝阳区麦子店街18号楼

邮编：100125

责任编辑：郭晨茜　国　圆　孟令洋

责任校对：吴丽婷

印刷：北京中科印刷有限公司

版次：2019年10月第1版

印次：2024年2月北京第5次印刷

发行：新华书店北京发行所

开本：880mm × 1230mm　1/32

印张：3.5

字数：100千字

定价：28.00元

服务电话：010－59195115　010－59194918